Genauigkeit und Grenzen von Kohlepapier und Druckmessfolie im Kontakt Hertz'scher Körper und von Rad und Schiene

Accuracy and Limits of Carbon Paper and Pressure Measurement Film in Contact with Hertzian Bodies and of Wheel and Rail

Von der Fakultät für Maschinenwesen
der Rheinisch-Westfälischen Technischen Hochschule Aachen
zur Erlangung des akademischen Grades einer
Doktorin der Ingenieurwissenschaften
genehmigte Dissertation

vorgelegt von

Ina Stratmann

Berichter/in:

Univ.-Prof. Dr.-Ing. Christian Schindler
Univ.-Prof. Dr.-techn. Ferdinand Pospischil

Tag der mündlichen Prüfung: 08. Mai 2025

Schriftenreihe Schienenfahrzeuge
und Transportsysteme

Ina Stratmann

Genauigkeit und Grenzen von Kohlepapier und Druckmessfolie im Kontakt Hertz'scher Körper und von Rad und Schiene

Herausgeber:
Univ.-Prof. Dr.-Ing. C. Schindler

Band 6

ifs | RWTH AACHEN UNIVERSITY

Bibliografische Information der Deutschen Nationalbibliothek
Die Deutsche Nationalbibliothek verzeichnet diese Publikation in der Deutschen Nationalbibliografie; detaillierte bibliografische Daten sind im Internet über https://portal.dnb.de abrufbar.

Ina Stratmann:

Genauigkeit und Grenzen von Kohlepapier und Druckmessfolie im Kontakt Hertz'scher Körper und von Rad und Schiene

1. Auflage, 2025

Gedruckt auf holz- und säurefreiem Papier, 100% chlorfrei gebleicht.

Wissenschaftsverlag des Instituts für Industriekommunikation und Fachmedien
an der RWTH Aachen
Steinbachstr. 25, 52074 Aachen, Deutschland
Internet: www.apprimus-verlag.de, E-Mail: info@apprimus-verlag.de

Druck: CPI Druckdienstleistungen GmbH
Ferdinand-Jühlke-Straße 7 | 99095 Erfurt | Deutschland

ISBN 978-3-98555-292-4

D 82 (Diss. RWTH Aachen University, 2025)

Kurzzusammenfassung

Im Rahmen des Ausbaus des öffentlichen Personennahverkehrs wird eine Steigerung der Fahrtaktungen im Schienenverkehr angestrebt, wodurch insbesondere die Schienen und die Räder der Schienenfahrzeuge höheren Beanspruchungen ausgesetzt sein werden, als es augenblicklich der Fall ist. Dies stellt aus materialtechnischer Betrachtung eine Herausforderung dar, da die Kontaktflächen zwischen Rad und Schiene wesentlich kleiner sind als bei Straßenfahrzeugen, gleichzeitig aber die wirkenden Belastungen mit über 1.000 MPa deutlich höher sind als im Straßenverkehr. Die Form, Größe und Lage der Kontaktfläche beeinflussen die Wälzreibung und damit den Verschleiß. Gleichzeitig beeinflusst die Kontaktfläche auch die Polygonisierung der Räder. Dieser Zusammenhang führt zu einem erheblichen Forschungsinteresse an der Bestimmung der Kontaktfläche in Bezug auf ihre Größe und Form, um ein umfangreicheres Verständnis des Rad-Schiene-Kontaktes bezüglich des Verschleißes bei modernen Schienenfahrzeugen zu erlangen. Die Evaluation der Kontaktflächen kann mittels analytischer, experimenteller oder numerischer Methoden erfolgen. Die Ermittlung der Kontaktfläche in dieser Arbeit erfolgt mittels der numerischen Finite-Elemente-Methode (FEM) mit anschließender erkenntnisbasierter experimenteller Validierung der numerischen Ergebnisse. Zur experimentellen Bestimmung der Kontaktflächen eignen sich Druckmessfolien sowie Kohlepapier in Kombination mit herkömmlichem Papier. Die entsprechenden Zwischenschichten führen zu einer veränderten Kontaktsituation, welche simulativ implementiert werden muss. Die simulative Berücksichtigung dieser Zwischenschichten und die dafür benötigten Materialmodelle sind die Ausgangsbasis dieser Arbeit.

Zu Beginn wurden Materialmodelle für drei einlagige Druckmessfolientypen sowie für Kohlepapier in Kombination mit herkömmlichem Papier erarbeitet. Die Grundlage für die Bestimmung der Materialmodelle der Druckmessfolien waren experimentelle Ergebnisse von Kontaktuntersuchungen eines sphärischen Körpers mit einer ebenen Platte. Basierend auf den Ergebnissen dieser Untersuchungen wurden zuerst elastoplastische Materialmodelle erarbeitet, welche nicht auf den Rad-Schiene-Kontakt übertragbar waren. Darauf aufbauend wurden linear-elastische Materialmodelle für die drei Druckmessfolientypen bestimmt. Für Kohlepapier in Kombination mit herkömmlichem Papier wurde ein vereinfachtes Materialmodell mathematisch hergeleitet, da hierfür keine experimentellen Ergebnisse von Untersuchungen mit sphärischen Körpern und Platten vorlagen. Die bestimmten linear-elastischen Materialmodelle für Kohlepapier und Druckmessfolien wurden anschließend um Abstands-Druck-Kurven erweitert, welche die Oberflächenrauheit des Rad-Schiene-Kontaktes berücksichtigten. Zur Validierung der bestimmten Materialmodelle wurde zu Beginn dieser Arbeit ein Prüfstand entwickelt, an welchem Abdrücke des Rad-Schiene-Kontakts experimentell erzeugt wurden. Es konnte umfassend durch die experimentellen und simulative Untersuchungen gezeigt werden, dass Druckmessfolien und Kohlepapier einerseits sich als valides Messmittel eignen und valide in simulativen Methoden abgebildet werden können. Dabei können Kohlepapier kombiniert mit herkömmlichem Papier äquivalent zu Druckmessfolien eingesetzt werden.

Abstract

As part of the expansion of the local public transport, the aim is to increase the frequency of rail services, which means that the rails and particularly the wheels of rail vehicles will be exposed to higher stresses than is currently the case. From a materials engineering point of view, this represents a challenge, as the contact surfaces between wheel and rail are considerably smaller than in road vehicles. However, with loads of more than 1,000 MPa, the loads acting on them are significantly higher than in road traffic. The shape, size, and position of the contact surface influence the rolling friction and thus the wear. Simultaneously, the contact surface influences the polygonization of the wheels. These relationships lead to considerable research interest in determining the contact area in terms of its size and shape for a more comprehensive understanding of the wheel-rail contact with regard to wear in modern rail vehicles. The evaluation of the contact area can be done via analytical, experimental, or numerical methods. In this research, the contact area is determined using the numerical finite element analysis (FEA) with subsequent knowledge-based experimental validation of the numerical results. Pressure measurement films and carbon paper combined with conventional paper are suitable for the experimental determination of the contact surfaces. The corresponding intermediate layers lead to a changed contact situation, which has to be implemented simulatively. The simulative consideration of these intermediate layers and the required material models are the starting point of this work.

Initially, material models were developed for three single-layer pressure measurement films and for carbon paper in combination with conventional paper. The basis for determining the material models of the pressure measurement films was results of experimental investigations of a spherical body with a flat plate. Based on the results of these investigations, elasto-plastic material models were developed, which were afterwards not transferable to the wheel-rail contact. Subsequently, linear-elastic material models were developed for three types of pressure measurement film. A simplified material model was mathematically derived for carbon paper in combination with conventional paper, as no experimental results were available from prior investigations with spherical bodies and plates. The linear-elastic material models for carbon paper and pressure measurement films were extended by pressure-overclosure curves, which took the surface roughness of the wheel-rail contact into account. To validate the material models, a test rig was developed at the beginning of this research, which was used to experimentally generate impressions of the wheel-rail contact. The experimental and simulative investigations comprehensively demonstrated that pressure measurement films and carbon paper are suitable as a valid measuring medium and can be validly mapped via simulations. Carbon paper combined with conventional paper can be used in the same way as pressure measurement films to detect the wheel-rail contact situation.

Inhaltsverzeichnis

Abbildungsverzeichnis

Tabellenverzeichnis

Abkürzungen und Formelzeichen

Abkürzung	Bedeutung	Einheit
Abb.	Abbildung	
CAD	Computer-aided Design bzw. computergestütztes Konstruieren	
CAREA	Kontaktflächengröße (Ausgabevariable von Abaqus)	$[mm^2]$
CD	transverse direction = Querrichtung	
DOE	Design-of-Experiments	
Ex.	Experiment	
FE	Finite Elemente	
FEM	Finite-Elemente-Methode	
HHS	Super High Pressure	
HS	High Pressure	
Lek.	Lekue	
Lkw	Lastkraftwagen	
MD	machine direction = Fertigungsrichtung bzw. Ausrichtung der Maschine	
MS	Medium Pressure	
ÖPNV	Öffentlicher Personennahverkehr	
PET	Polyethylenterephthalat	
Pkw	Personenkraftwagen	
REM	Randelementmethode	
RSSB	Rail Safety & Standards Board	
Sim.	Simulation	
Stra.	Stratmann	
USA	Vereinigten Staaten von Amerika, engl. United States of America	
ZD	thickness direction = Dickenrichtung	

Formelzeichen	Bedeutung	Einheit
$\emptyset h_{r,i}$	durchschnittliche Position der Knoten mit rauer Oberfläche	[mm]
$\emptyset h_{s,i}$	durchschnittliche Position der Knoten mit glatter Oberfläche	[mm]
β	Reibungswinkel	[°]
γ_{xy}	Schubverzerrung in der x-y-Ebene	[-]
$\gamma_{x'y'}$	Schubverzerrung in der x'-y'-Ebene	[-]
γ_{yz}	Schubverzerrung in der y-z-Ebene	[-]
$\gamma_{y'z'}$	Schubverzerrung in der y'-z'-Ebene	[-]
γ_{zx}	Schubverzerrung in der z-x-Ebene	[-]
$\gamma_{z'x'}$	Schubverzerrung in der z'-x'-Ebene	[-]
Δh	Verschiebung	[mm]
Δh_K	Abstand am Kontaktpunkt	[mm]
Δh_i	durchschnittliches Kontaktspiel	[mm]
$\Delta\eta$	Verschiebung des Rades in Bezug auf die Position der Schiene	[mm]
ε	Absolute plastische Dehnung	[-]
ε	Exzentrizität des Strömungspotenzials	[-]
ε_x	Dehnung in x-Richtung	[-]
$\varepsilon_{x'}$	Dehnung in x'-Richtung	[-]
ε_y	Dehnung in y-Richtung	[-]
$\varepsilon_{y'}$	Dehnung in y'-Richtung	[-]
ε_z	Dehnung in z-Richtung	[-]
$\varepsilon_{z'}$	Dehnung in z'-Richtung	[-]
ξ	Hertz'sche Konstante	[-]
η	Hertz'sche Konstante	[-]
η	Position des Rades zur Schiene	[mm]
ϑ	Hilfswinkel	[°]
μ	Gleitreibwert	[-]
μ	Reibkoeffizient	[-]
ν	Querkontraktionszahl	[-]
ν_{12}	Querkontraktionszahl	[-]

Formelzeichen	Bedeutung	Einheit
ν_{13}	Querkontraktionszahl	[-]
ν_{23}	Querkontraktionszahl	[-]
ν_{ij}	Querkontraktionszahl	[-]
ν_{ji}	Querkontraktionszahl	[-]
ν_{v}	Vergleichende Querkontraktionszahl	[-]
ν_{xy}	Querkontraktionszahl	[-]
$\nu_{x'y'}$	Querkontraktionszahl	[-]
ν_{xz}	Querkontraktionszahl	[-]
$\nu_{x'z'}$	Querkontraktionszahl	[-]
ν_{yx}	Querkontraktionszahl	[-]
$\nu_{y'x'}$	Querkontraktionszahl	[-]
ν_{yz}	Querkontraktionszahl	[-]
$\nu_{y'z'}$	Querkontraktionszahl	[-]
ν_{zx}	Querkontraktionszahl	[-]
$\nu_{z'x'}$	Querkontraktionszahl	[-]
ν_{zy}	Querkontraktionszahl	[-]
$\nu_{z'y'}$	Querkontraktionszahl	[-]
ρ	Dichte	[kg/dm³]
σ	Spurspiel	[mm]
σ_t	Fließspannung beim einachsigen Zug	[MPa]
$\sigma_{v,M}$	Vergleichende Spannung	[MPa]
σ_x	Spannung in x-Richtung	[MPa]
$\sigma_{x'}$	Spannung in x‘-Richtung	[MPa]
σ_y	Spannung in y-Richtung	[MPa]
$\sigma_{y'}$	Spannung in y‘-Richtung	[MPa]
σ_z	Spannung in z-Richtung	[MPa]
$\sigma_{z'}$	Spannung in z‘-Richtung	[MPa]
τ_{xy}	Schubspannung in der x-y-Ebene	[MPa]
$\tau_{x'y'}$	Schubspannung in der x‘-y‘-Ebene	[MPa]
τ_{xz}	Schubspannung in der x-z-Ebene	[MPa]

Formelzeichen	Bedeutung	Einheit
τ_{yz}	Schubspannung in der y-z-Ebene	[MPa]
$\tau_{y'z'}$	Schubspannung in der y'-z'-Ebene	[MPa]
τ_{zx}	Schubspannung in der z-x-Ebene	[MPa]
$\tau_{z'x'}$	Schubspannung in der z'-x'-Ebene	[MPa]
φ	Winkel zwischen den Achsen von x_1 und x_2 bzw. y_1 und y_2	[°]
φ'	Winkel zwischen den Achsen von x und x_2	[°]
ψ	Erweiterungswinkel	[°]
ψ	Hertz'sche Konstante	[-]
a	Größere Ellipsenhalbachse	[mm]
A	Fläche	[mm²]
A	Flächengröße	[mm²]
b	Ellipsenhalbachse	[mm]
CD	Koordinate in transverse direction = Querrichtung	[mm]
d	Raddurchmesser	[mm]
e	Spurkranzdicke	[mm]
E	Elastizitätsmodul	[MPa]
E_1	Elastizitätsmodul	[MPa]
E_2	Elastizitätsmodul	[MPa]
E_3	Elastizitätsmodul	[MPa]
E_i	Elastizitätsmodul	[MPa]
E_j	Elastizitätsmodul	[MPa]
E_v	Vereinfachtes Elastizitätsmodul	[MPa]
$E_{x'}$	Elastizitätsmodul	[MPa]
$E_{x,MD}$	Elastizitätsmodul	[MPa]
$E_{y'}$	Elastizitätsmodul	[MPa]
$E_{y,CD}$	Elastizitätsmodul	[MPa]
$E_{z'}$	Elastizitätsmodul	[MPa]
$E_{z,ZD}$	Elastizitätsmodul	[MPa]
F	Wirkende Kraft	[N]

Formelzeichen	Bedeutung	Einheit
F_i	wirkende Reaktionskraft im Zeitschritt i	[N]
G_{12}	Schubmodul	[MPa]
G_{13}	Schubmodul	[MPa]
G_{23}	Schubmodul	[MPa]
G_{ij}	Schubmodul	[MPa]
G_{xy}	Schubmodul	[MPa]
G_{xz}	Schubmodul	[MPa]
$G_{x'y'}$	Schubmodul	[MPa]
G_{yz}	Schubmodul	[MPa]
$G_{y'z'}$	Schubmodul	[MPa]
$G_{z'x'}$	Schubmodul	[MPa]
h	Mindestspurkranzhöhe	[mm]
$h_{s,i}$	Position des Knotens im Zeitschritt i	[mm]
$h_{r,i}$	Position des Knotens im Zeitschritt i	[mm]
i	Zeitschritt	[-]
k_f	Fließspannung	[MPa]
K	Fließspannungsverhältnis	[-]
MD	Koordinate in machine direction = Fertigungsrichtung bzw. Ausrichtung der Maschine	[mm]
n	Anzahl der Zeitschritte	[-]
n_r	Zeitschritt des rauen Kontaktes	[-]
n_s	Zeitschritt des glatten Kontaktes	[-]
p	Druck	[MPa]
p	Schwellwertdruck	[MPa]
p_u	Minimaler Schwellwertdruck	[MPa]
p_0	Maximaler Druck im Ellipsoid	[MPa]
p_0	Maximaler Schwellwertdruck	[MPa]
p_0	Schwellwertdruck	[MPa]
p_i	wirkender Druck im Zeitschritt i	[MPa]
r	Großer Hilfsradius	[1/mm]

Formelzeichen	Bedeutung	Einheit
r'	Kleiner Hilfsradius	[1/mm]
r_1	Hauptkrümmungsradius	[mm]
r_1'	Hauptkrümmungsradius	[mm]
r_2	Hauptkrümmungsradius	[mm]
r_2'	Hauptkrümmungsradius	[mm]
R	Radius	[mm]
R_a	Arithmetischer Mittelwert der Profilordinaten	[µm]
R_z	Größte Höhe des Profils	[µm]
s	Spurmaß	[mm]
s_{max}	Maximales-Spurmaß	[mm]
s_{min}	Mindest-Spurmaß	[mm]
s_N	Nennspurmaß	[mm]
S	Spurweite	[mm]
S_{min}	Mindest-Spurweite	[mm]
S_{min}	Nennspurweite	[mm]
v	Geschwindigkeit	[m/s]
w_0	Entstehende Abplattung	[mm]
x	Koordinate des Kartesischen Koordinatensystems	[mm]
x_1	Koordinate des Kartesischen Koordinatensystems	[mm]
x_2	Koordinate des Kartesischen Koordinatensystems	[mm]
y	Koordinate des Kartesischen Koordinatensystems	[mm]
Y	Koordinate des Kartesischen Koordinatensystems	[mm]
y_1	Koordinate des Kartesischen Koordinatensystems	[mm]
y_2	Koordinate des Kartesischen Koordinatensystems	[mm]
z	Koordinate des Kartesischen Koordinatensystems	[mm]
ZD	Koordinate in thickness direction = Dickenrichtung	[mm]

1 Einleitung

Steigende Nutzungszahlen im Personenindividualverkehr und eine damit einhergehende Zunahme der Verkehrsdichte führen zwangsläufig zu Staus und insbesondere innerstädtisch zu einem Mangel an Stellplätzen für Personenkraftwagen (Pkw). Diese Herausforderungen sollen durch die angestrebte Verkehrswende bewältigt werden. Ein Ziel dieser Verkehrswende ist die Verringerung des Individualverkehrs bei gleichzeitigem Ausbau des öffentlichen Personennahverkehrs (ÖPNV) [1]. Die Reduzierung des Individualverkehrs ist zugleich dem Erreichen der aktuellen Klimaschutzziele dienlich. Dies wird bei einer Betrachtung des äquivalenten CO_2-Ausstoßes von Personenkraftwagen (1 g CO_2 pro Personenkilometer) im Vergleich zur Eisenbahn (0,02 g CO_2 pro Personenkilometer) und zu Straßenbahnen (0,04 g CO_2 pro Personenkilometer) deutlich. [2] Eine Maßnahme der Verkehrswende ist, mehr Verkehr auf die Schiene zu verlagern. Dafür soll die bestehende Taktung erhöht werden, wodurch Schienen und Räder noch stärker belastet werden und noch höhere Lastzyklenzahlen ertragen müssen als heute schon.

Im Kontakt zwischen Rad und Schiene wirken lokal Belastungen von über 1.000 MPa [3, S. 1], die damit viel höher als z. B. bei Lastkraftwagen (Lkw) auf der Straße mit ca. 1,14 MPa sind [4]. Grund ist die unterschiedlich große Kontaktfläche von ca. 140 mm^2 [5] im Schienenverkehr und ca. 60.000 mm^2 im Straßenverkehr [4]. Bei der Beurteilung der Belastungen der Kontaktfläche im Rad-Schiene-Kontakt ist zu berücksichtigen, dass neben den Tragkräften auch die Antriebs-, Brems- und Führungskräfte übertragen werden [6, S.16]. Entsprechende Kräfte werden auch im Kontakt zwischen Straße und Rad übertragen [7, S. 51]. Die Fahrwiderstände sind hingegen auf der Schiene deutlich kleiner als beim Lkw. Beispielsweise liegt der Radwiderstandsbeiwert mit 0,0015 im Rad-Schiene-Kontakt deutlich unter den im Rad-Straßen-Kontakt mit ca. 0,01 [6, S. 49].

Form, Größe und Lage der Kontaktfläche haben Auswirkungen auf die Wälzreibung [8, S. 16] [9, S. 100] und somit auch auf den Verschleiß [5, 10]. Die Kontaktfläche beeinflusst zudem auch die Polygonisierung der Räder [11] [12, S. 47]. Entsprechend besteht ein Interesse an der Bestimmung der Kontaktflächengröße und -form, welche analytisch, experimentell oder numerisch erfolgen kann. Kontaktflächen, welche numerisch mittels der Finite-Elemente-Methode (FEM) oder Randelementmethode (REM) bestimmt werden, bedürfen der statistischen Validierung der Ergebnisse durch Experimente. Zur experimentellen Bestimmung der Kontaktflächen werden bisher Druckmessfolien, Kohlepapier in Kombination mit herkömmlichem Papier[1] sowie Ultraschall verwendet. [13] Durch die eingebrachten Zwischenschichten liegt jedoch eine veränderte Kontaktsituation vor, die in den vergleichenden Simulationen zu

[1] Kohlepapier in Kombination mit herkömmlichem Papier wird im weiteren Verlauf zusammengefasst als Kohlepapier bezeichnet.

berücksichtigen ist. Die Erarbeitung der notwendigen numerische Berücksichtigung der Zwischenschichten bildet den Ausgangspunkt für diese Arbeit.

Im Rahmen dieser Arbeit wird die Forschungshypothese untersucht, wonach mittels neu zu entwickelnder Materialmodelle für Druckmessfolien und Kohlepapier die Genauigkeit und Simulationsstabilität von simulierten Rad-Schiene-Kontaktsituationen ermöglicht und erhöht wird. Angestrebt wird dabei eine Verbesserung der Genauigkeit der Simulationsmodelle durch entsprechend zu entwickelnde Materialmodelle der Zwischenlagen. Diese sollen numerisch stabil sein, bei gleichzeitiger Berücksichtigung der Oberflächenrauheit der Kontaktkörper, sodass die Ergebnisqualität im Vergleich zur nicht Berücksichtigung verbessert wird. Es soll beurteilt werden, ob Kohlepapier ebenso effektiv bei der Bestimmung der Kontaktflächengröße und -form eingesetzt werden kann wie Druckmessfolien, insbesondere da Kohlepapier ein kostengünstigeres Medium zur Kontaktbestimmung im Vergleich zu Druckmessfolien ist. Die experimentellen Ergebnisse verschiedener Rad-Schiene-Kontakt-Situationen sollen simulativ nachgebildet werden, sodass bei entsprechender Übereinstimmung der Ergebnisse die entwickelten Materialmodelle als validiert angesehen werden können. Dafür werden Materialmodelle für drei verschiedene einlagige Druckmessfolien, welche bereits in zahlreichen Experimenten verwendet wurden, entwickelt. Zusätzlich wird ein Materialmodell für Kohlepapier erarbeitet, welches ebenso als Mittel zur Bestimmung von Kontaktsituationen genutzt wird. Bei der Auswertung der Untersuchungen und der Beurteilung der Materialparameterbestimmung wird die Frage beantwortet, wie groß oder klein die Differenz zwischen Experiment und Simulation ist, das heißt, welche ist besonders klein oder kleiner als bei vorherigen Entwicklungen.

Die veränderte Kontaktsituation wird durch die Implementierung der Zwischenschichten in der Simulation berücksichtigt. Für die Bestimmung der Materialparameter der Druckmessfolien werden experimentelle Ergebnisse des Kontaktes zweier Hertz'scher Körper von Lekue [14] herangezogen. Mit diesen am nahezu glatten Hertz'schen Kontakt ermittelten Kontaktflächengrößen ist es möglich, numerische Materialmodelle für die Druckmessfolien zu entwickeln und am Rad-Schiene-Kontakt zu validieren. Zur Modellierung der Papier-Kohlepapier-Zwischenschichten liegen keine anwendbaren Materialmodelle vor. Deshalb wird ein bestehendes unvollständiges Materialmodell für einen anderen Papiertyp vereinfacht und anschließend evaluiert. Die experimentellen Untersuchungen, welche der Validierung der entwickelten Materialmodelle dienen, erfolgen am rauen Rad-Schiene-Kontakt. Das Vorliegen von rauen Kontaktflächen in den Experimenten führt zur Notwendigkeit diese in den Simulationen berücksichtigen zu müssen. Die Experimente selbst werden auf einem Hydropulsprüfstand durchgeführt, sodass die wirkenden Belastungen und Positionen definiert variiert werden können.

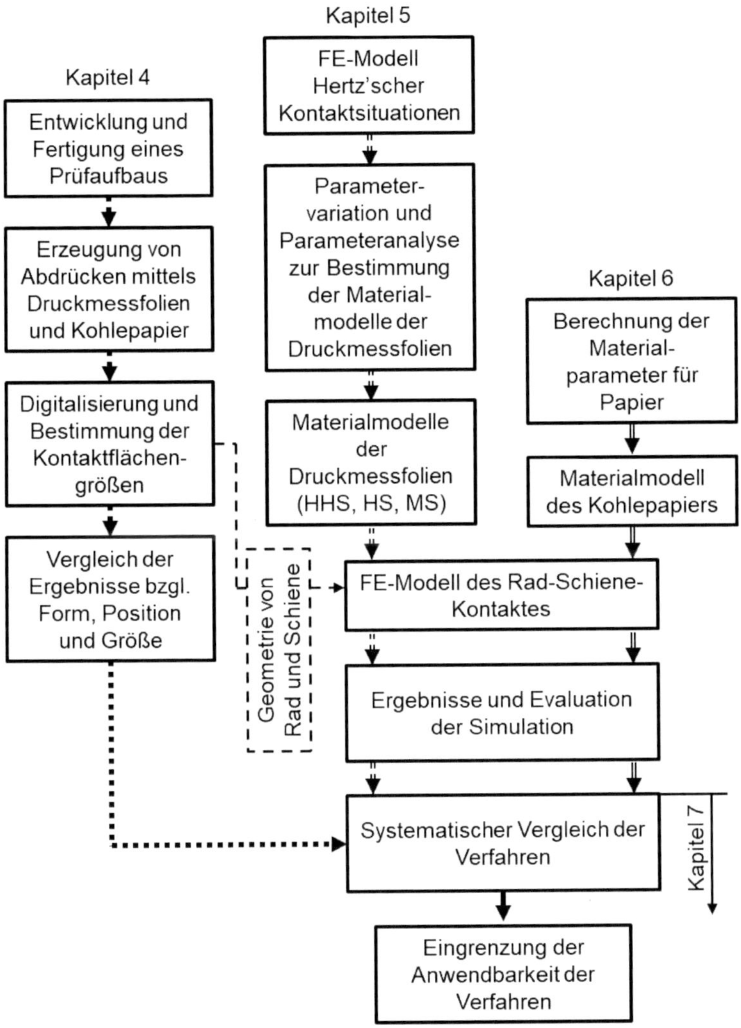

Abb. 1.1: Vorgehensweise zur Entwicklung und Validierung von Materialmodellen für Druckmessfolien sowie Kohlepapier

Nach der Einleitung wird im zweiten Kapitel eine Einführung in den Stand der Technik vorgenommen, woraus sich die Motivation und Zielsetzung in Kapitel 3 ableiten. Der darauffolgende Ablauf dieser Arbeit ist in Abb. 1.1 schematisch dargestellt. Im Kapitel 4 wird zuerst der Prüfaufbau für die Experimente mit den entsprechenden Parametern vorgestellt. Die experimentelle Durchführung und Auswertung wird beschrieben. Das Kapitel schließt mit den Ergebnissen der Experimente und deren Evaluation. Im Kapitel 5 werden zunächst die Materialmodelle für die Simulationen der Druckmessfolien am glatten Hertz'schen Kontakt entwickelt und darauf aufbauend auf den rauen Rad-Schiene-Kontakt übertragen. Das Materialmodell für das Kohlepapier wird in Kapitel 6 bestimmt, sodass darauffolgend ebenfalls der raue Rad-Schiene-Kontakt nachgebildet wird.

Aus dem Ablaufplan in Abb. 1.1 geht hervor, dass die Kapitel 4 bis 6 inhaltlich zu Beginn parallel verlaufen, wobei die Simulationen in Kapitel 5 und 6 das nahezu gleiche FE-Modell verwenden. Für dieses wird die in den Experimenten (Kapitel 4) ermittelte Geometrie berücksichtigt. Aufbauend auf den Ergebnissen der Kapitel 4 bis 6 erfolgt in Kapitel 7 ein systematischer Vergleich der Verfahren mit einer anschließenden Beurteilung ihrer Anwendbarkeit. Die Erkenntnisse dieser Arbeit werden in einer Zusammenfassung und einem Ausblick in Kapitel 8 resümiert.

2 Stand der Technik und Wissenschaft

Die Bestimmung des Kontaktes zwischen Rad und Schiene erfordert theoretische Kenntnisse der Kontaktmechanik sowie Wissen über mögliche Verfahren, welche zur experimentellen Ermittlung angewendet werden können. Dementsprechend werden in den folgenden Unterkapiteln zuerst die Grundlagen der Kontaktmechanik mit den Besonderheiten des glatten Kontaktes nach Hertz sowie die des rauen Kontaktes erläutert. Darauf aufbauend wird der Kontakt zwischen Rad und Schiene betrachtet, wobei relevante experimentelle und theoretische Methoden zur Bestimmung dieses Kontaktes vorgestellt werden. Die für die numerische Bestimmung des Kontaktes mittels FEM notwendigen Kenntnisse werden anschließend kurz dargelegt.

2.1 Grundlagen der Kontaktmechanik

Bei der Betrachtung des Kontaktes zweier Körper ist zwischen ideal glatten und rauen Körpern zu unterscheiden. Der Zustand eines ideal glatten Körpers liegt nur in der Theorie vor. Greenwood und Williamson definieren den glatten Kontakt als Kontakt zweier Körper, deren Kontaktfläche groß im Vergleich zum Kontakt der einzelnen Asperiten[2] ist [16]. Den reibungsfreien Kontakt zwischen glatten, elastischen Körpern, welche nur eine sehr geringe Kontaktfläche im Vergleich zur Körpergröße aufweisen, hat Hertz 1882 beschrieben [17]. Die analytische Lösung dieses Spezialfalls ist allgemein anerkannt, wohingegen die Lösung des Kontaktproblems im allgemeinen Fall nur numerisch erfolgen kann [3, S. 4]. Dabei ist zu beachten, dass der reale Kontakt bzw. die reale Kontaktfläche zwischen zwei rauen Körpern kleiner ist als die vermeintliche Kontaktfläche [18, S. 99]. Somit ist bei der Betrachtung und Bestimmung der realen Kontaktfläche immer die jeweilige Oberflächenrauheit mit zu berücksichtigen. Zur Beschreibung des rauen Kontaktes haben zahlreiche Forscher analytische Ansätze entwickelt. Eine Übersicht einiger Theorien ist in [19] und zu Spezialfällen beispielsweise in [18, 20] zu finden.

2.1.1 Bestimmung des Kontaktes nach Hertz

1882 veröffentlichte Heinrich Hertz einen Artikel *„Ueber die Berührung fester elastischer Körper“* [17]. Basierend auf seinen Ausführungen ist es im Allgemeinen möglich, für elastische Körper die Kontaktflächengröße, die Abplattung, den maximalen Druck sowie die Druckverteilung zu bestimmen. Für eine entsprechende Berechnung sind einige Voraussetzungen zu erfüllen, welche im Folgenden aufgelistet sind (basierend auf [17] [20, S. 7] [21–24]):

- Die Kontaktflächen werden als glatt angenommen.
- Die Kraft wirkt nur senkrecht auf die Kontaktflächen.

[2] Die Bezeichnung Asperiten ist abgeleitet vom englischen Begriff „asperity“, was auch mit „Rauheit“ oder „Unebenheit“ übersetzt werden kann. Alternativ kann der Begriff „Rauigkeitsspitzen“ verwendet werden (nach [15, S. 350-355]).

- Die Kontaktflächen sind reibungsfrei.
- Die Kontaktkörper weisen ein rein elastisches Materialverhalten auf.
- Geometrien im Bereich der Kontaktflächen können mittels Polynomen zweiter Ordnung beschrieben werden.
- Es wird eine Halbraumannäherung angenommen.
- Im Vergleich zu den Dimensionen der Kontaktkörper muss die resultierende Kontaktfläche klein sein.
- Das Material der Kontaktkörper ist homogen und isotrop.
- Die Elastizitätsmoduln sind identisch[3].

Diese Voraussetzungen sind im Rad-Schiene-Kontakt nur im Spezialfall erfüllt [22] bzw. werden in der Regel nicht erfüllt [6, S. 32] [25, S. 27]. Unabhängig davon werden die Hertz'schen Gleichungen zur näherungsweisen Bestimmung des Kontaktdrucks und der Kontaktfläche im Rad-Schiene-Kontakt herangezogen, was nach Knothe und The als „fragwürdig" angesehen werden muss, sobald Verschleiß aufgetreten ist bzw. auftritt [26]. Zugleich wird die Bestimmung nach Hertz häufig für dynamische Berechnungen genutzt, da sie sehr effizient für nicht-lineare Situationen ist [21] und für die meisten dieser Probleme genau genug ist. Untersuchungen von Kleiner haben ergeben, dass bei einer Position des Rades zur Schiene von $\eta = 1\ \mathrm{mm} - 8\ \mathrm{mm}$ (Definition η in Abb. 2.6) der Quotient der Halbachsen der nach Hertz elliptischen Kontaktflächen mit experimentellen Ergebnissen vergleichbar ist [27, S. 124]. Entsprechend kann das Verfahren nach Hertz für eine erste Einschätzung herangezogen werden.

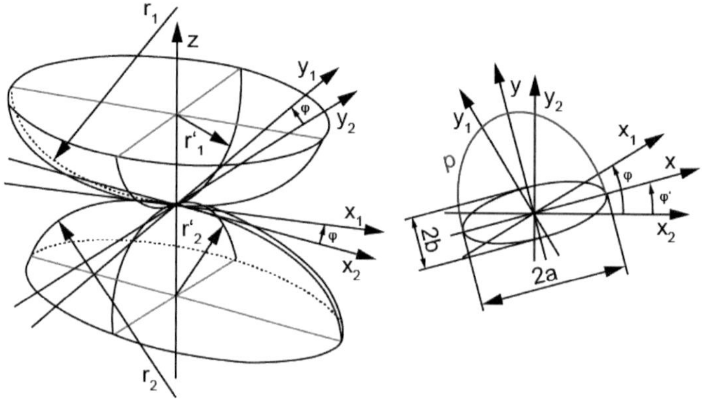

Abb. 2.1: Exemplarische Darstellung eines Hertz'schen Kontaktes (angelehnt an [14, S. 6] [21, S. 66] [28])

[3] Nach Popov [18] besteht auch die Möglichkeit den Kontakt nach Hertz mit unterschiedliche Elastizitätsmoduln zu bestimmen.

Unter der Annahme, dass die zuvor genannten Voraussetzungen erfüllt sind, kann mit den folgenden Gleichungen die Kontaktfläche (Ellipse, Abb. 2.1) zweier Körper bestimmt werden. Die resultierenden Halbachsen a nach Gleichung (2-1) und b nach Gleichung (2-2) der Ellipse können wie folgt nach [28] bestimmt werden:

$$a = \sqrt[3]{3 \cdot \xi^3 \cdot (1 - \nu^2) \frac{F}{E \cdot \left(\frac{1}{r} + \frac{1}{r'}\right)}} \tag{2-1}$$

$$b = \sqrt[3]{3 \cdot \eta^3 \cdot (1 - \nu^2) \frac{F}{E \cdot \left(\frac{1}{r} + \frac{1}{r'}\right)}} \tag{2-2}$$

Daraus folgt der maximale Druck p_0 des Ellipsoids, wobei die Druckverteilung p exemplarisch in Abb. 2.1 dargestellt ist:

$$p_0 = 1{,}5 \cdot \frac{F}{\pi \cdot a \cdot b} \tag{2-3}$$

Der Druck der parabelförmigen Druckverteilung wird zu null, wenn der Kontakt beider Körper endet [17, 21, 23, 26, 29] und er ist maximal im Mittelpunkt der Kontaktellipse.

Für den in den Gleichungen (2-1) und (2-2) verwendeten Term $\frac{1}{r} + \frac{1}{r'}$ gilt:

$$\frac{1}{r} + \frac{1}{r'} = \frac{1}{r_1} + \frac{1}{r_1'} + \frac{1}{r_2} + \frac{1}{r_2'} \tag{2-4}$$

Es müssen die Voraussetzungen $r_1 > r_1'$ und $r_2 > r_2'$ erfüllt sein.

Die entstehende Abplattung w_0 kann wie folgt bestimmt werden:

$$w_0 = 1{,}5 \cdot \psi \cdot (1 - v^2) \cdot \frac{F}{E} \cdot a \tag{2-5}$$

Zur Lösung der Gleichungen sind die Faktoren ξ, η und ψ mittels Tabelle 2.1 zu bestimmen.

Tabelle 2.1: Hilfstabelle zur Bestimmung der Faktoren ξ, η und ψ [28]

ϑ	90°	80°	70°	60°	50°	40°	30°	20°	10°	0°
ξ	1	1,128	1,284	1,486	1,754	2,136	2,731	3,778	6,612	∞
η	1	0,893	0,802	0,717	0,641	0,567	0,493	0,408	0,319	0
ψ	1	1,12	1,25	1,39	1,55	1,74	1,98	2,30	2,80	∞

Für die Bestimmung der Faktoren anhand der Tabelle 2.1 ist es notwendig, zuvor den Hilfswinkel ϑ zu berechnen. Dieser kann mit der folgenden Gleichung ermittelt werden:

$$\vartheta = arccos\left(\frac{\frac{1}{r'} - \frac{1}{r}}{\frac{1}{r'} + \frac{1}{r}}\right) \tag{2-6}$$

Für den in Gleichung (2-6) verwendeten Term $\frac{1}{r'} - \frac{1}{r}$ gilt:

$$\frac{1}{r'}-\frac{1}{r}=\sqrt{\left(\frac{1}{r_1'}-\frac{1}{r_1}\right)^2+\left(\frac{1}{r_2'}-\frac{1}{r_2}\right)^2+2\cdot\left(\frac{1}{r_1'}-\frac{1}{r_1}\right)\cdot\left(\frac{1}{r_2'}-\frac{1}{r_2}\right)\cdot\cos 2\varphi} \quad (2\text{-}7)$$

Der Winkel φ liegt zwischen den Achsen x_1 und x_2 bzw. y_1 und y_2 (siehe Abb. 2.1). Die zuvor vorgestellten Gleichungen gelten nur für den Fall, dass der Elastizitätsmodul E sowie die Querkontraktionszahl ν für beide Körper identisch sind. Wird angenommen, dass beide Körper unterschiedliche Elastizitätsmoduln sowie verschiedene Querkontraktionszahlen aufweisen, so kann eine Berechnung nach Popov [18, S. 65] erfolgen, bei der die unterschiedlichen Elastizitätsmoduln und Querkontraktionszahlen Berücksichtigung finden.

2.1.2 Experimentelle Ergebnisse Hertz'scher Untersuchungen

Die Größe der Kontaktfläche zweier Hertz'scher Körper[4] wurde mittels drei verschiedener einlagiger Druckmessfolien von Lekue [14] bestimmt. In den Untersuchungen ist der Kontakt zwischen einem sphärischen Körper und einer glatten Platte hergestellt worden. Die entsprechenden Kontaktkörperkombinationen sind in Tabelle 2.2 aufgeführt.

Tabelle 2.2: Von Lekue untersuchte Kontaktkörperkombinationen der Kontaktsituationen zweier Hertz'scher Körper [14, S. 40]

Kontakt-situation	**Kontaktradius R in mm**	**Kontaktkraft F in kN**
C1	300	25
C2		50
C3	450	25
C4		50
C5		75
C6		100
C7	600	25
C8		50
C9		75
C10		100

Die mittels Druckmessfolien in mehreren Versuchen gemessenen Kontaktflächengrößen und ihre Standardabweichungen sind in Tabelle 2.3 aufgelistet. Als Ausgangspunkt werden diese von Lekue gemessenen Kontaktflächengrößen zur Parameterbestimmung für die Materialmodelle von Druckmessfolien in dieser Arbeit herangezogen. In der Tabelle 2.3 sind neben diesen experimentell detektierten Kontaktflächengrößen auch die analytisch nach Hertz (siehe Kapitel 2.1.1) bestimmten Größen aufgelistet.

[4] Als Hertz'sche Körper werden Körper bezeichnet, die die Vorrausetzungen der Anwendungen der Gleichungen nach Hertz erfüllen (siehe auch Kapitel 2.1.1 sowie [17, S. 156–171] [20] [21, S. 58-92] [22, S. 161-171] [23, S. 323–351] [24, S. 255–268]).

Dabei wird deutlich, dass alle experimentell bestimmten Kontaktflächen die analytisch bestimmte Größe deutlich überschätzen. Dabei steigt die Überschätzung der Kontaktflächen von der HHS-Druckmessfolie zur MS-Druckmessfolie kontinuierlich an. Bei der Bewertung der Überschätzung ist zu berücksichtigen, dass bei Lekue [14, S. 40] ein nahezu glatter ($R_a < 0{,}1$) Kontakt vorlag.

Tabelle 2.3: Übersicht der von Lekue experimentell ermittelten Ergebnisse vom Kontakt eines glatten sphärischen Körpers mit einem glatten ebenen Körper (angelehnt an [14, S. 40]) im Vergleich zu den nach Hertz bestimmten Kontaktflächengrößen in mm²

		Experimentelle Ergebnisse der Druckmessfolie			**Analytisch nach Hertz**
Kontakt-situation	**Kontakt-kraft in kN**	**MS**	**HS**	**HHS**	
C1	25	100,64 ±2,51	68,22 ±0,59	55,15 ±0,8	41,92
C2	50	141,87 ±1,27	97,82 ±0,7	86,26 ±0,66	66,55
C3	25	128,28 ±1,61	83,65 ±0,32	66,19 ±0,58	54,94
C4	50	185,30 ±1,93	125,88 ±0,4	107,15 ±0,73	87,21
C5	75	228,59 ±0,53	159,26 ±0,9	141,45 ±0,84	114,27
C6	100	268,22 ±1,75	186,75 ±0,97	168,79 ±1,39	138,43
C7	25	160,61 ±1,8	107,88 ±1,11	76,05 ±0,62	66,55
C8	50	221,14 ±1,59	150,44 ±0,87	125,48 ±0,8	105,64
C9	75	275,23 ±4,14	190,16 ±0,48	164,67 ±0,92	138,43
C10	100	322,38 ±3,83	224,85 ±0,53	198,56 ±0,5	167,70

2.1.3 Kontakt rauer Körper

Das Lösen des Kontaktproblems rauer Körper kann nicht allgemeingültig erfolgen, sondern es ist für jeden Einzelfall eine eigene Betrachtung erforderlich. Der Kontakt rauer Oberflächen erfolgt nicht flächig, sondern nur partiell an den Asperiten. Diese verformen sich unter Last stärker als der restliche Körper [15], wobei sich die Oberfläche elastisch und/oder plastisch verhalten kann. Entsprechende Verformungen sind nicht nur von der Normalkraft abhängig [15] [18, S. 106] sondern auch von der Oberflächentopographie [16]. Eine Möglichkeit der Lösung des Kontaktproblems ist die numerische Nachbildung der Kontaktsituation mit anschließender Berechnung. Diese kann jedoch in Abhängigkeit des Detaillierungsgrads sehr komplex und rechenintensiv werden[5]. Des Weiteren gelten die Ergebnisse einer solchen Berechnung nur für die jeweilige Kontaktsituation [3, S. 5], da sich der Kontakt bereits bei geringer Verschiebung der Körper deutlich verändert, was exemplarisch in Abb. 2.2 dargestellt ist. Die Berechnung eines Gesamtsystems wie z. B. einer Kugel, welche auf eine Platte drückt

[5] Popov und Hess nennen exemplarisch die Lösung eines 1 cm x 1 cm großen Kontaktproblems mit einer Auflösung von einem Nanometer, wonach dies zu einem System mit 10^{14} Elementen führen würde [30].

unter der Berücksichtigung der Oberflächenrauheit ist so rechenintensiv, dass dies auch mit der heutigen Rechenleistung als nicht wirtschaftlich angesehen werden kann [3, S. 77] [14, S. 61].

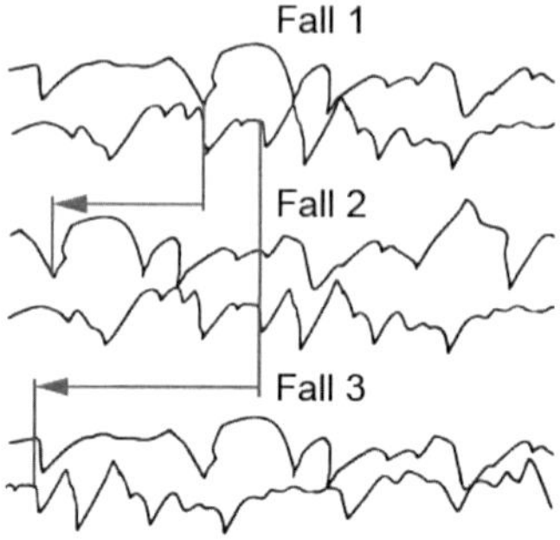

Abb. 2.2: Beispiel eines allgemeinen Falls eines rauen Kontaktes

Eine alternative Möglichkeit zur Bestimmung der Kontaktflächengröße ist das Implementieren einer Abstands-Druck-Kurve in eine Finite-Elemente-Simulation (FE-Simulation) [31]. Diese ermöglicht es, auf die Nachbildung der Oberflächenrauheit zu verzichten. Im Gegensatz zu dem theoretischen Modell nach Hertz wird der wirkende Druck nicht abrupt zu null, sondern sinkt kontinuierlich in Abhängigkeit des Abstands beider Körper (siehe Abb. 2.3 und [32, S. 446]). Durch die Rauheit treten die Körper langsam in Kontakt und nicht abrupt vollständig, wie nach der Theorie von Hertz. Die Ermittlung einer entsprechenden Abstands-Druck-Kurve für eine spezifische Oberfläche bzw. Oberflächenrauheit ist ein mehrstufiger Prozess, welcher für jede Oberfläche und Oberflächenrauheit sowie für jede Materialpaarung einzeln erfolgen muss.

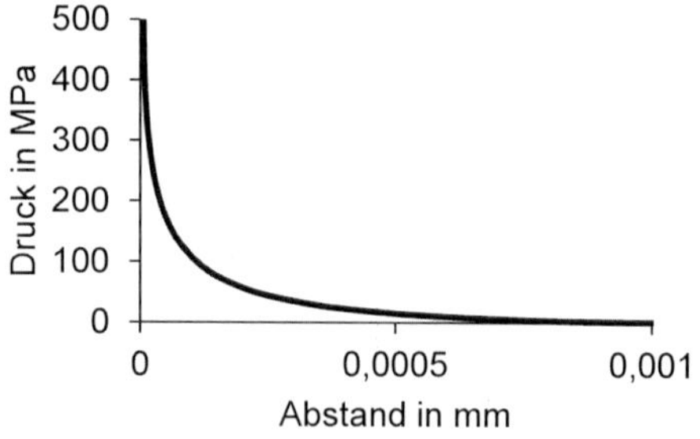

Abb. 2.3: Beispiel einer Abstands-Druck-Kurve

Die Gültigkeit dieses Vorgehens ist von Stratmann et al. am Beispiel des Kontaktes einer Platte mit einem sphärischen Körper nachgewiesen worden. Dabei wurden zuerst Materialmodelle für den glatten Kontakt entwickelt, welche von den Autoren um entsprechende Abstands-Druck-Kurven erweitert wurden. Anschließend erfolgte die Überprüfung der Gültigkeit für die Rauheiten $R_a \approx 0{,}5$, $R_a \approx 1$ und $R_a \approx 1{,}5$, basierend auf experimentellen Untersuchungen mittels Druckmessfolie. [33]

2.2 Rad-Schiene-Kontakt

Im Kontakt zwischen Rad und Schiene werden die Belastungen für die Aufgaben Tragen, Führen, Antreiben und Bremsen übertragen [6]. Die maximal zulässigen Normalkräfte sind abhängig von den jeweiligen länderspezifischen Vorgaben und betragen bis zu ca. 110 kN [34, S. 34] [35, 36] in Deutschland und Mitteleuropa oder auch bis zu ca. 190 kN[6] [39] in den USA bei einer Kontaktfläche von ca. 1-3 cm² [12] [34, S. 33] [35, 36]. Punktuell können Spannungen in der Größenordnung von 1.000 MPa auftreten [40]. Die Bestimmung des quasi-statischen Rad-Schiene-Kontaktes inklusive der entstehenden Kontaktfläche kann mittels verschiedener Verfahren erfolgen (siehe auch [13]). Es ist zwischen numerischen, experimentellen und analytischen Methoden zu unterscheiden. Für die Anwendung der jeweiligen Methode sind Kenntnisse über die entsprechenden Voraussetzungen wie auch grundlegende Kenntnisse über die Rad- und Schienengeometrie erforderlich. Eine detaillierte Beschreibung der analytischen Berechnung nach Hertz ist in Kapitel 2.1.1 erfolgt.

2.2.1 Grundlagen von Rad und Schiene

Die Schienenprofile 60E1 (ehemals UIC60; Abb. 2.4) bzw. 60E2 nach DIN EN 13674 [41] (Abb. 2.4) und das Radprofil S1002 nach DIN EN 13715 [42] (Abb. 2.5) zählen zu den weitverbreiteten Profilen auf den europäischen Hauptstrecken [6, 27, 43]. Die Schienenprofile unterscheiden sich im Bereich der Radien des Schienenkopfs (rote Ziffern in der Abbildung) und werden in Deutschland mit einer Neigung von 1:40 eingebaut [34, S. 35]. Dabei ist die Kombination aus dem Schienenprofil 60 E2 mit dem S1002 Radprofil aktuell die Standardpaarung in Deutschland [44].

Basierend auf den Geometrien von Rad und Schiene sowie vorgegebenen Grenzen der verschlissenen Profile und Vorgaben bzgl. Spurweite und Radsatzspurmaß lassen sich nach [6] die Grenzen des Spurspiels mit Gleichung (2-8) berechnen.

$$\sigma = S - s \tag{2-8}$$

Die Normalspurweite beträgt $S = 1.435\ \mathrm{mm}$ [45] [46, S. 1] bei einem Mindestmaß (14 mm unter der Schienenoberkante) von $S_{min} = 1.430\ \mathrm{mm}$ [6, S. 25]. In Kombination mit einem Spurmaß von $s_{min} = 1.412\ \mathrm{mm}$ bis zu $s_{max} = 1.426\ \mathrm{mm}$ folgt damit ein Spurspiel von $\sigma = -1\ \mathrm{mm}$ bis $\sigma = 58\ \mathrm{mm}$. [46, S. 1 f.] Werden hingegen das Nennspurmaß von $s_N = 1.425\ \mathrm{mm}$ und die Nennspurweite von $S_N = 1.435\ \mathrm{mm}$ berücksichtigt, so folgt ein Spurspiel von $\sigma = 10\ \mathrm{mm}$. Dabei entspricht die Mittelstellung des Radsatzes im Gleis einer Querverschiebung des Messkreisfußpunktes gegenüber der Schienenkopffahrflächenmitte um ca. $\Delta\eta \approx +3\ \mathrm{mm}$ in Richtung Gleismitte (Abb. 2.6) [27, S. 81].

[6] Die zulässige Achslast in Deutschland und Mitteleuropa beträgt 22,5 t [37, 38] und in den USA 39 t [39, S. 103–125].

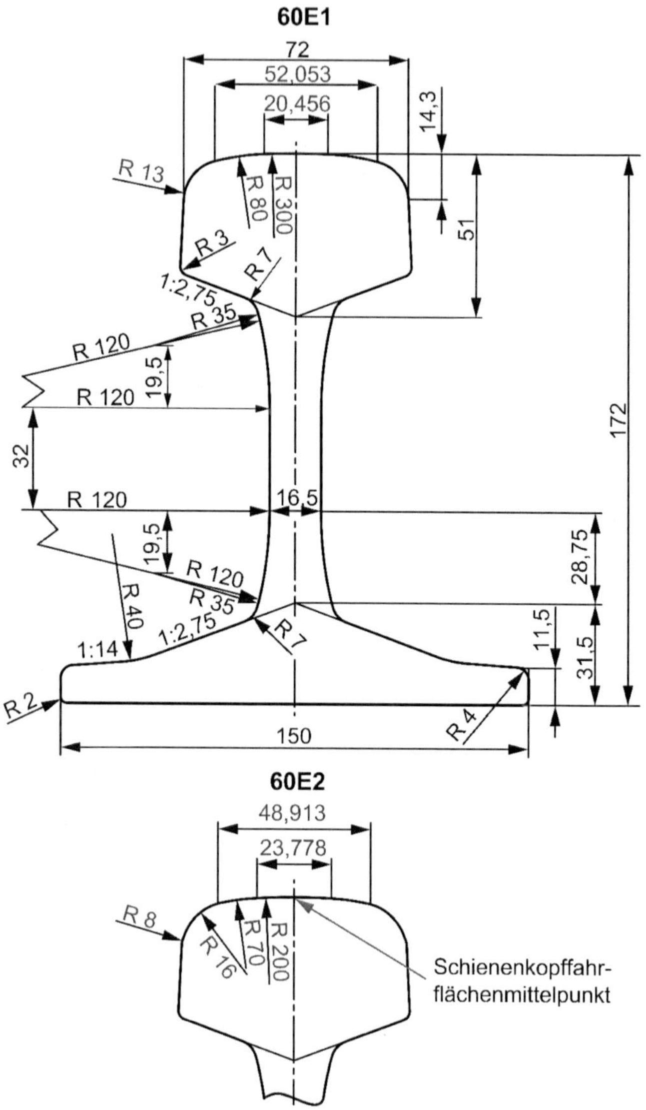

Abb. 2.4: Bemaßte Schienenprofile 60E1 und 60E2 nach DIN EN 13674 [41] und Kennzeichnung der unterschiedlichen Werte in Rot

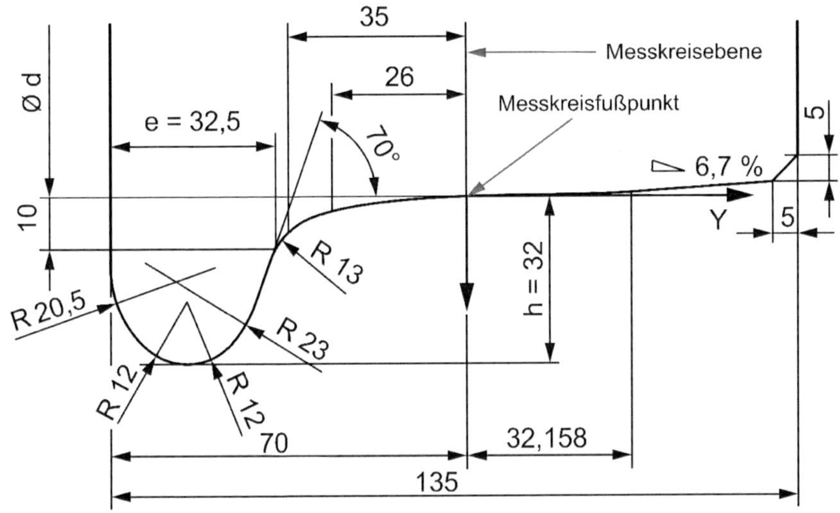

Abb. 2.5: Beispiel eines S1002-Radprofils nach DIN EN 13715 [42]

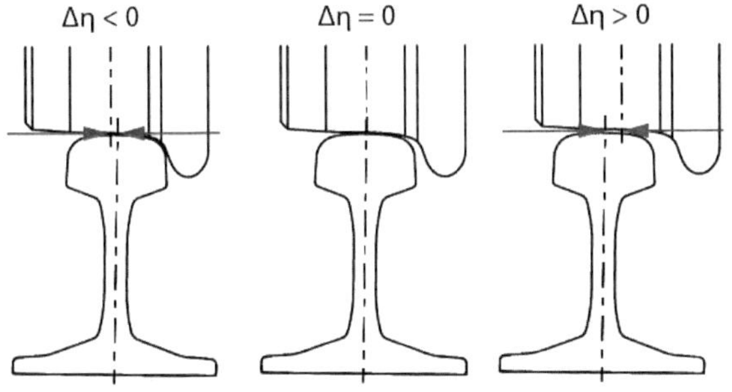

Abb. 2.6: Definition zur Wahl des Vorzeichens in Abhängigkeit von der horizontalen Verschiebung [27, S. 70]

Der Kontakt von Rad und Schiene variiert kontinuierlich während der Fahrt eines Schienenfahrzeuges. Die Position des Erstkontaktes von Rad und Schiene lässt sich mittels Berührpunktberechnung in Abhängigkeit der Querverschiebung bestimmen. Dabei ist der Berührpunkt u. a. abhängig von der lateralen Position des Rades zur Schiene sowie von der jeweiligen Rad- und Schienengeometrie. In Abb. 2.7 ist das Ergebnis einer Berührpunktberechnung (angelehnt an [27, S. 61] [34, S. 45]) für die Querverschiebung von $\eta = -3$ mm bis $\eta = 8$ mm dargestellt.

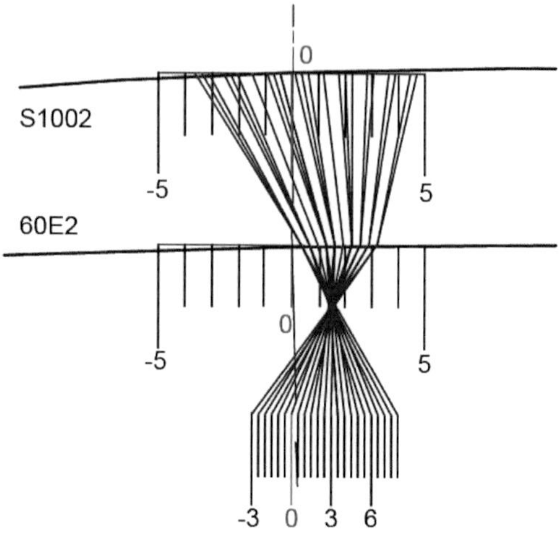

Abb. 2.7: *Darstellung der theoretischen Kontaktpunkte von einem neuen S1002-Radprofil (mit $e = 32{,}5\ mm$ und $h = 32\ mm$, nach [42]) und einem neuen 60E2-Schienenprofil mit einer Schieneneinbauneigung von 1:40*

Die in Abb. 2.7 und Abb. 2.8 dargestellten Ergebnisse theoretischer Kontaktpunktberechnungen unterscheiden sich durch die Verwendung unterschiedlicher Radprofilgeometrien innerhalb der zulässigen Grenzwerte für ein neues S1002-Radprofil. In den Abbildungen ist jeweils nur ein kleiner Ausschnitt des Rades und der Schiene dargestellt. Ein Vergleich zwischen den Abbildungen macht deutlich, dass bei gleichem 60E2-Schienenprofil jedoch anderen (normgerechten) Maßen des S1002-Profils (siehe [42]) zu deutlich unterschiedlichen Berührpunkten führt. Nach DIN EN 13715 sind S1002-Radprofile mit unterschiedlichen Spurkranzmaßen zulässig. Durch die unterschiedlichen Abmessungen entstehen trotz gleichem Radprofil unterschiedliche Kontaktsituationen und damit unterschiedliche Kontaktpunkte. Ein Vergleich zwischen Abb. 2.7 und Abb. 2.8 zeigt deutlich, dass im Fall der Abb. 2.7 eine geringfügige Verschiebung des Rades zur Schiene nur eine geringe Verschiebung des Kontaktpunktes verursacht, wohingegen bei Abb. 2.8 eine geringe Abweichung der Position von Rad und Schiene eine wesentliche Veränderung des Kontaktpunkts verursacht.

Neben der horizontalen Verschiebung von Rad zur Schiene und dem Rad- und Schienenprofil wird die Kontaktfläche zwischen Rad und Schiene durch zahlreiche weitere Aspekte beeinflusst. Dazu zählen die wirkende Last, die Schieneneinbauneigung, die Oberflächenrauheit, der Anstellwinkel, die Umweltbedingungen, die Schienen- bzw. Radfehler und die Durchbiegung von Achse und Schiene. [3, S. 69-74, S. 91-92] [5, 12, 21] [25, S. 154–156] [27, S. 74-80, S. 89-92] [29, 36, 40, 47–49] Bereits die geringen Radiendifferenzen der Schienenprofile 60E1 und 60E2 (siehe Abb. 2.4) beeinflussen die resultierende Berührpunktlage und damit die Kontaktfläche deutlich [27, S. 128]. Wird der statische Fall (Normalkontakt) betrachtet, so können Tangentialkräfte vernachlässigt werden. Dies gilt unter der Voraussetzung, dass beide

Kontaktkörper das gleiche Material und eine nahezu glatte Oberfläche aufweisen [20, S. 5] [25, S. 127].

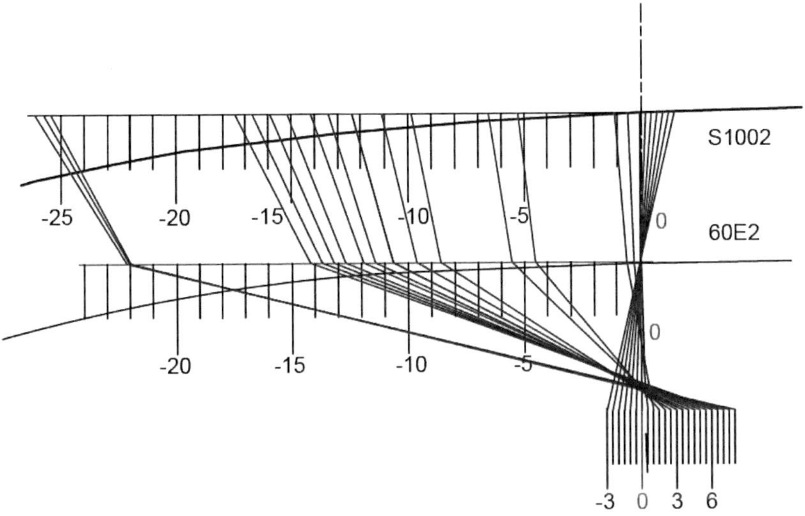

Abb. 2.8: *Darstellung der theoretischen Kontaktpunkte von einem neuen S1002-Radprofil (mit $e = 28{,}8\ mm$ und $h = 28\ mm$, nach [42]) und einem neuen 60E2-Schienenprofil mit einer Schieneneinbauneigung von 1:40*

2.2.2 Experimentelle Methoden

Für die Bestimmung des quasi-statischen Rad-Schiene-Kontaktes sind verschiedene Methoden entwickelt und angewendet worden. Hierzu zählen z. B. die Verwendung von Druckmessfolie, Kohlepapier oder auch Ultraschall [13]. Im Folgenden werden die genannten Methoden genauer vorgestellt.

Druckmessfolie

In Abb. 2.9 ist der Aufbau der hier verwendeten Druckmessfolien dargestellt. Sie bestehen aus drei Schichten mit einer Basis aus Polyethylenterephthalat (PET). Darüber befindet sich eine farbentwickelnde Schicht, auf der Mikrokapseln aufgebracht sind, welche bei unterschiedlich wirkenden Drücken zerbersten und die farbentwickelnde Schicht einfärben. [50] Diese Funktionsweise führt bei sehr rauen Oberflächen zu nicht geschlossenen Flächen der Kontaktflächenabdrücke, das heißt, es bleiben Bereiche frei (Leerstellen).

Tabelle 2.4: *Prescale-Druckmessfolien der Firma FUJIFILM [50–52]*

Typ	**Bezeichnung**	**Druckbereich in MPa**
MS	Medium Pressure	10 - 50
HS	High Pressure	50 - 130
HHS	Super High Pressure	130 - 300

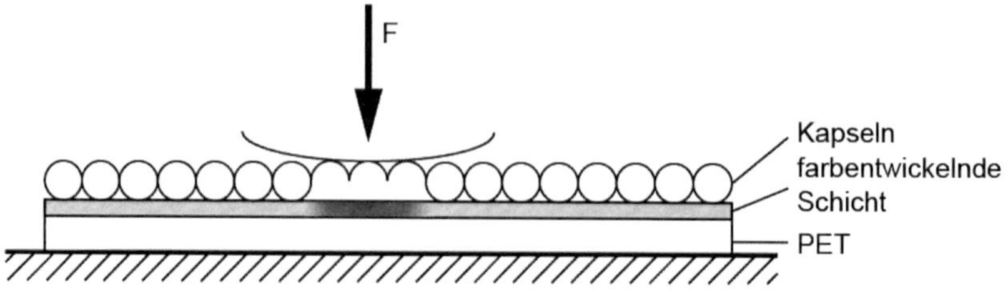

Abb. 2.9: Aufbau und Funktionsweise der einlagigen Druckmessfolien (nach [50])

Chen et al. [53] berichteten im Jahr 2008 erstmals über die erfolgreiche Verwendung von Druckmessfolie im Rad-Schiene-Kontakt. Im Rahmen der experimentellen und simulativen Untersuchungen von Dörner [3, 35, 54, 55], Kleiner [27, 36, 40, 47, 56], Stratmann et al. [33] und Lekue [14, 57–60] wurden drei verschiedene einlagige Druckmessfolien des Typs Prescale der Firma FUJIFILM verwendet (siehe Tabelle 2.4).

Neben den hier vorgestellten einlagigen Druckmessfolien gibt es auch zweilagige Druckmessfolien[7], zu welchen verschiedene Materialmodelle vorliegen [61–65] (siehe auch Dörner [3, S. 44]). Auf Grund der unterschiedlichen Druckbereiche sowie der unterschiedlichen Materialien der Kontaktpartner können diese Materialmodelle nicht auf die einlagigen Druckmessfolientypen übertragen werden.

Kleiner [27, 36, 40, 47, 56] verwendete Druckmessfolie, um Kontaktabdrücke unter Berücksichtigung horizontaler Verschiebung sowie verschiedener Kräfte zu erzeugen. Unter Bezugnahme auf das Superpositionsprinzip[8] wurde eine Methode entwickelt, um die maximal auftretenden Kontaktdrücke im Rad-Schiene-Kontakt zu bestimmen [27, S. 129 ff.] [36, 40, 47, 56]. Aufbauend auf den genannten vorherigen Arbeiten untersuchte auch Dörner [3, 54, 67] den Rad-Schiene-Kontakt mittels Druckmessfolie. Verglichen wurden – wie von Kleiner – unter anderem die mittels Druckmessfolie erzeugten Abdrücke mit Ergebnissen aus FE-Simulationen [3, 27, 54, 67, 68]. Kleiner erreichte eine Genauigkeit von bis zu 25 % beim Vergleich der Kontaktflächengrößen bezogen auf die Experimente, wobei er die Druckmessfolie in der Simulation nicht nachgebildet hat [27, S. 128]. Dörner hingegen gibt keine prozentualen Abweichungen an, verweist auf Schwierigkeiten bei der „exakten“ Bestimmung der Kontaktflächen mittels Simulation bzw. Experiment. Seine „Ergebnisse stimmen [...] nur in Teilen gut überein“ [3, S. 132]. Dörner [3, 35], Lekue et al. [57–60] und Stratmann et al. [33] untersuchten zudem die Genauigkeit der Simulation von Druckmessfolien im Vergleich zu experimentell mittels Druckmessfolien erzeugten Kontaktabdrücken. Die

[7] Einlagige Druckmessfolien gibt es von Fujifilm für die Druckbereiche 10 – 50 MPa (MS), 50 – 130 MPa (HS) und für 130 – 300 MPa. Zweilagige Druckmessfolien sind für die Druckbereiche 0,05 – 0,2 MPa (4LW), 0,2 – 0,6 MPa (LLLW), 0,5 – 2,5 MPa (LLW), 2,5 – 10 MPa (LW) und 10 – 50 MPa (MW) vorhanden [52].

[8] Superpositionsprinzip: „Prinzip, dass sich bestimmte physikalische Größen gleicher Art am gleichen Ort überlagern können“ (nach Duden [66]).

Abweichungen der Kontaktflächengrößen dieser Simulationen in Bezug auf die Experimente sind insbesondere im nahezu glatten Kontakt sehr gering [3, S. 122] [33, 35, 57, 58]. Diese Untersuchungen erfolgten auf Basis von Hertz'schen Körpern, deren Hauptkrümmungsradien ähnlich zu denen von Eisenbahnrädern waren. Dabei wurden sphärische Körper auf eine Platte gedrückt. Für die Simulation der Druckmessfolien wurden linear-elastische [60] bzw. elastisch-plastische [3, S. 117] [33, 35, 58, 59] Materialmodelle (Drucker-Prager) verwendet.

Für die simulative Nachbildung der Druckmessfolie im Fall der Hertz'schen Körper wurde ein rotationssymmetrischer Aufbau verwendet [35]. Die Kontaktfläche zwischen der Druckmessfolie und einem Körper mit einer sphärischen Kontaktzone wurde mittels der Ausgabefunktion *CAREA* im Programm Abaqus bestimmt. Diese Funktion gibt die Kontaktflächengröße aus, wenn das einzelne Element in Kontakt mit einem anderen Element ist (siehe Kapitel 2.3). Die Ausgabe der Kontaktfläche (mittels CAREA) ist unabhängig vom örtlich wirkenden Druck. Dies stellt einen Gegensatz zur Funktionsweise der Druckmessfolie dar (Abb. 2.10). Diese hat einen Schwellwertdruck p_u, ab welchem sie einen Kontakt anzeigt. Zwischen Schwellwertdruck und maximalem Druck p_o kann der Druckgradient ermittelt werden. Darüber hinausgehende Belastungen führen in der Regel nicht zum Versagen der Druckmessfolien (bei reiner Normalkraft), jedoch kann ein höherer Druck nicht bestimmt werden.

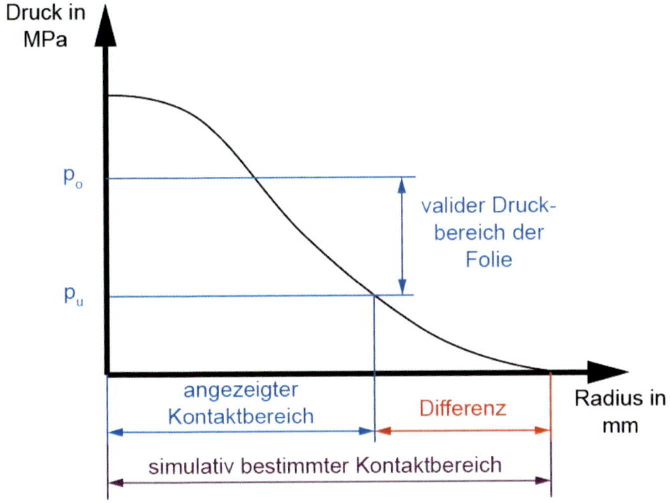

Abb. 2.10: Einschränkung bei der simulativen Nachbildung von Druckmessfolien

Durch die Kombination von rauen Oberflächen, unterschiedlichen Druckbereichen und unterschiedlichen Druckmessfolien sowie Belastungen unterscheiden sich die resultierenden Kontaktflächenabdrücke zum Teil sehr deutlich. Diese Unterschiede sind in den exemplarischen Abdrücken in Abb. 2.11 zu erkennen. Die Vergrößerungen der Kontaktflächen bei einer Belastung von 100 kN im Vergleich zu 25 kN variieren zwischen +85,4 % (MS) bis zu 178,0 % (HHS).

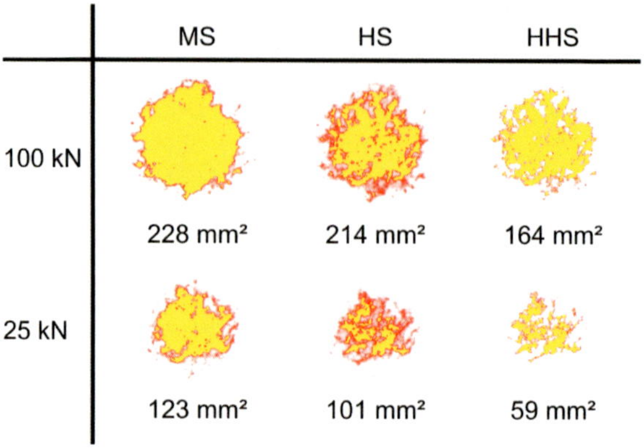

Abb. 2.11: Exemplarische mittels Druckmessfolien erzeugte Kontaktabdrücke

Zahlreiche Aspekte führen bei der Durchführung von Experimenten und Simulationen zu unterschiedlichen Ergebnissen, die das Detektieren der Kontaktflächengrößen beeinflussen. Dies sind unter anderem (nach [5, 35, 50, 61, 62, 65, 69–71]):

- Die automatische Ausgabe der Kontaktflächengröße aus der Simulation (siehe Kapitel 2.3.3) sieht nur eine geschlossene Fläche vor und berücksichtigt keine Leerstellen infolge der Oberflächenrauheit (siehe Abb. 2.11).
- Der Elastizitätsmodul der betrachteten Körper wird als konstant und das Material generell als homogen angesehen. Kleiner hat in Untersuchungen festgestellt, dass das Material nicht homogen ist [27, S. 52ff], jedoch ist er in seinen Berechnungen von einem homogenen Material ausgegangen.
- Die Oberflächenrauheit führt zu Leerstellen im experimentell erzeugten Kontaktflächenabdruck.

Verschiedene Untersuchungen haben ergeben, dass im Bereich des Rad-Schiene-Kontaktes die tatsächliche Kontaktfläche durch die Verwendung von Druckmessfolien in Experimenten überschätzt wird [54].

Bei der Simulation einer Kontaktsituation kamen Dörner et al. [35] zu der Erkenntnis, dass ein rein linear-elastisches Materialmodell für die Druckmessfolien zu unzureichenden Simulationsergebnissen führt, sodass die Verwendung eines linearen Drucker-Prager-Materialmodells vorgeschlagen wurde. Dieses ursprünglich für Erdmaterialien entwickelte Materialmodell berücksichtigt neben dem elastischen Anteil auch die Plastifizierung [72] und liefert ein Kriterium für das Versagen unter Druckbelastung. Dörner [3, S. 116] begründet diese Wahl durch die Verzerrung der Druckmessfolie von über 5 %, weshalb das linear-elastische Materialgesetz nicht mehr gültig sei. Unabhängig von diesem Vorschlag führte Lekue [14, 60] Untersuchungen mit einem linear-elastischen Materialmodell durch. Es konnte gezeigt werden, dass für den Druckmessfolientyp HS ein linear-elastisches Materialmodell ausreichend war, hingegen nicht für die anderen beiden untersuchten Druckmessfolientypen (MS, HHS). Für sie konnten keine Materialmodelle entwickelt werden. [60] Daneben führten Untersuchungen anderer Autoren mit einem linear-elastischen Materialmodell [61, 62, 65, 70] bzw. einem elastisch-plastischen Materialmodell [63] zu unzureichenden Ergebnissen. Dies ist unter anderem auf die Überschätzung [35, 55, 57, 59, 63, 73–75] [76, S. 643] oder Unterschätzung [62, 75, 76] der experimentell bestimmten Kontaktfläche zurückzuführen.

Eine Überschätzung oder Unterschätzung der realen Kontaktfläche ist abhängig vom Material der Kontaktpartner. Im Stahl-Druckmessfolie-Stahl-Kontakt, wie er bei Rad und Schiene vorliegt, findet eine Überschätzung der experimentell bestimmten Kontaktfläche statt. Die von Dörner (Modell A) und von Lekue (Modell B) verwendeten Materialmodelle sind in Tabelle 2.5 aufgelistet.

Tabelle 2.5: Übersicht verwendeter Materialmodelle und Parameter der Druckmessfolien

Materialmodell	**A**	**B**
Quelle	[3, S. 116] [14, S. 46] [35, 58, 59]	[14, S. 75] [60]
Kontaktkörper	Stahl (Schiene) – Stahl (Rad)	
Druckmessfolientyp	Einlagig	
Druckmessfolie	MS, HS, HHS	HS
Modelltyp	Elastisch-plastisch (Drucker-Prager)	Linear-elastisch
Elastizitätsmodul E in MPa	2.500	2.800
Querkontraktionszahl ν	0,33	0,33
Fließspannung beim einachsigen Zug σ_t in MPa	57,28	-
Fließspannungsverhältnis K	1	-
Erweiterungswinkel ψ in °	0	-

Das Materialmodell A setzt voraus, dass alle drei Druckmessfolientypen ein identisches Materialverhalten aufweisen und das Materialmodell „physikalisch korrekt" ist. Durch den unterschiedlichen Schwellwertdruck der drei Druckmessfolientypen überschätzt oder unterschätzt das Materialmodell die tatsächlich gemessene Kontaktfläche [3, S. 116]. Dörner sieht für die Auswertung der Simulationen vor, dass der entsprechende Schwellwertdruck der Druckmessfolien zu berücksichtigen ist, sodass die Abweichungen nur gering sind. Wird dieser Schwellwertdruck jedoch nicht berücksichtigt, sondern nur die mittels FEM ausgegebene Kontaktfläche CAREA[9], treten deutliche Abweichungen zu den Experimenten auf. Im Gegensatz dazu ist beim Modell B versucht worden (siehe auch [14, S. 46] [60]), für alle drei einlagigen Druckmessfolien jeweils ein eigenes Materialmodell zu erarbeiten. Diese Modelle haben zum Ziel, die mittels Druckmessfolie im Experiment bestimmten Kontaktflächen in einer Simulation nachzubilden. Der Ansatz der Autoren, über eine Variation des Elastizitätsmoduls und der Querkontraktionszahl zu passenden linear-elastischen Materialmodellen zu gelangen, ist nur für einen Druckmessfolientyp (Typ HS) erfolgreich gewesen.

Kohlepapier

Für die Bestimmung der Kontaktflächengeometrie kann alternativ zur Druckmessfolie Kohlepapier verwendet werden. Dieses wird zusammen mit einem herkömmlichen Papier[10] in den Kontakt zwischen Rad und Schiene gelegt. Auf dem herkömmlichen Papier kann abschließend die resultierende Geometrie des Kontaktes bestimmt werden. Ein beispielhafter Versuchsaufbau mit Hertz'schen Körpern ist in Abb. 2.12 dargestellt.

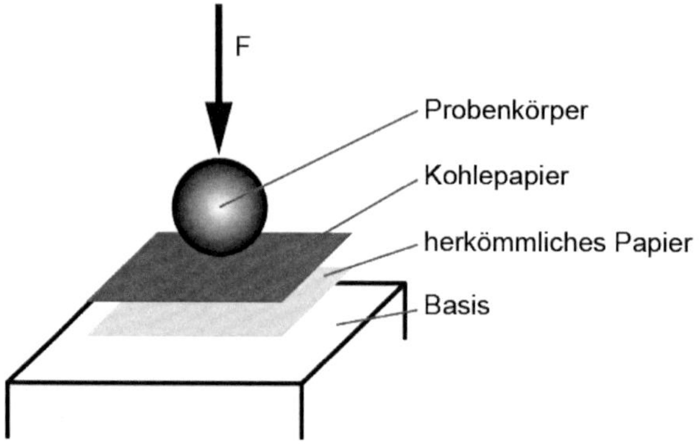

Abb. 2.12: Beispiel der Verwendung von Kohlepapier

Über Versuche mit Kohlepapier im Rad-Schiene-Kontakt berichtete bereits 1951 Labrijn. Dabei untersuchte er die Veränderung der Kontaktflächengröße bei unterschiedlichen Raddurchmessern und Radlasten. [77] Andrews untersuchte ebenfalls die Kontaktflächengröße in Abhängigkeit der Radlast. Hierfür verwendete er ein neues und ein verschlissenes Eisenbahnrad. [29] Labrijn und Andrews zeigten, dass die Kontaktflächengröße mit steigender Radlast zunimmt [29, 77]. Darüber hinaus untersuchte Andrews den durch unterschiedliche Papierdicken entstehenden Fehler und beschrieb diesen als klein. Weiterhin ergaben seine Untersuchungen, dass die Kontaktfläche selbst überschätzt wird, [29] was mit den Ergebnissen der Untersuchungen von Poole [78] übereinstimmt. Dabei sind die mittels Kohlepapier auf dem herkömmlichen

---

[9] CAREA ist eine Funktion zur automatischen Ausgabe der Kontaktfläche zweier Körper (siehe auch Kapitel 2.3.3).

[10] Als „herkömmliches" Papier wird ein unbedrucktes Papier mit einem Flächengewicht von $80\ g/m^2$ bezeichnet.

Papier erzeugten Abdrücke unter anderem auch von der Wahl des Kohlepapiers abhängig [79] [80, S. 46f]. Das Rail Safety & Standards Board (RSSB) verwendet weiterhin Kohlepapier zur Bestimmung der Kontaktflächengeometrie [81].

Für die simulative Nachbildung der Kontaktsituation mit eingelegtem Kohlepapier und herkömmlichem Papier sind entsprechende Materialmodelle notwendig. Insbesondere ist zu beachten, dass zwischen Modellen für Papier und Pappe sowie deren Arten und Lastrichtungen zu unterscheiden ist [82]. Die Richtungen MD (machine direction[11]) und CD (transverse direction[12]) ergeben die sogenannte in-plane-Ebene und die ZD-Richtung (thickness direction[13]) stellt die sogenannte out-of-plane-Richtung dar (Abb. 2.13) [83, 84]. Da der Prozess der Papierherstellung ein kontinuierlicher Prozess ist, bildet sich eine bevorzugte Faserorientierung des Ausgangsmaterials bei der Herstellung von Papier aus. Durch weist Papier ein anisotropes auxetisches Materialverhalten auf [82, 85, 86]. Dabei ist die Breite des Materials sowie die Dicke des Materials beschränkt, wohingegen der Prozess in Fertigungsrichtung nahezu endlos ist.

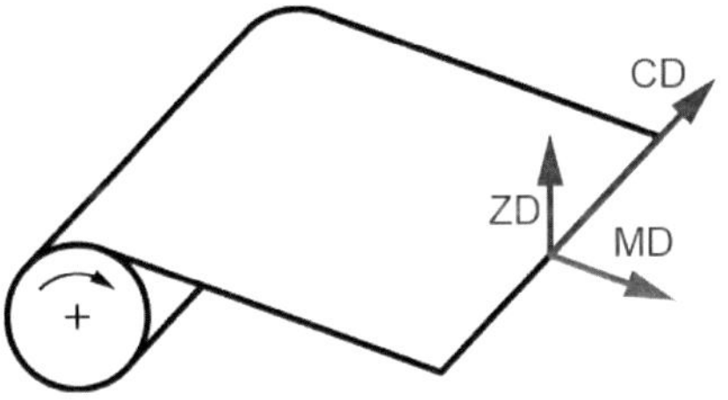

Abb. 2.13: Definition der Richtungen bei Papier (in Anlehnung an [83, 84, 87–89])

In der Literatur wird entsprechend zwischen in-plane- und out-of-plane-Beanspruchung unterschieden, wobei sich die mechanischen Eigenschaften zwischen der MD- und der CD-Richtung bei der in-plane-Beanspruchung unterscheiden (siehe auch [82, 83, 90]). Durch diese Unterscheidung müssen die Materialparameter bzw. die Materialmodelle für die Simulation entsprechend der Belastungsrichtung und Belastungsart angepasst/ausgewählt werden. Das Übertragen von Materialmodellen aus der in-plane-Ebene in die ZD-Richtung ist somit nicht möglich [91], insbesondere da Papier als nahezu zweidimensionales Material angesehen werden kann [88]. Die geringe Dicke von Papier führt dazu, dass in der Literatur nur selten auf die ZD-Richtung eingegangen wird, was vor allem auch auf Schwierigkeiten bei der Messung der Eigenschaften zurückzuführen ist [15].

Im Fall der Messung des Rad-Schiene-Kontaktes erfolgt die Druck-Belastung in der out-of-plane-Richtung, weshalb nur Materialmodelle bzw. Materialparameter für die ZD-Richtung betrachtet werden. Dabei ist zu berücksichtigen, dass der Kenntnisstand bzgl. Materialmodellen in der ZD-Richtung sehr beschränkt ist [92–94]. Hinzu kommt,

[11] machine direction = Fertigungsrichtung bzw. Ausrichtung der Maschine
[12] transverse direction = Querrichtung
[13] thickness direction = Dickenrichtung

dass bei der Modellierung zwischen der Nachbildung eines glatten Papier-Körpers und eines rauen Papier-Körpers zu unterscheiden ist [95]. Im Regelfall wird das Papier-Modell als glatter Körper abgebildet[14] [96], was auf den Rad-Schiene-Kontakt übertragen werden kann, da die Oberfläche von Rad und Schiene zum Teil deutlich rauer als die Oberfläche von Kohlepapier oder herkömmlichem Papier ist (siehe Kapitel 4.1). Neben der Belastungsrichtung und der Oberflächenrauheit haben eine Vielzahl von Parametern Einfluss auf die mechanischen Eigenschaften des Papiers. Diese sind u. a.:

- Feuchtigkeit [80, S. 15] [97],
- Temperatur [80, S. 15],
- Anzahl der Papierlagen [80, S. 18] [96],
- Zyklus der Belastung [80, S. 25],
- Belade- oder Entladezustand [80, S. 18],
- Vorlast [80, S. 24],
- Gewicht (in der Fläche nicht konstant) [82],
- Dichte [82] und
- Dicke [82].

Materialmodelle für die ZD-Richtung von Papier unter Druckbelastungen sind in Tabelle 2.6 aufgelistet. Die aufgeführten Materialmodelle sind (das erste Modell ausgenommen) nicht direkt in einem FE-Programm implementierbar. Die Implementierung eines Materials als User-defined-Subroutine[15] bedarf einer Validierung des Materialmodells [98]. Die folglich notwendige Validierung durch Versuche im Vergleich zu Simulationen übersteigt den Rahmen dieser Arbeit, weshalb auf die Verwendung von User-defined-Subroutine verzichtet wird.

[14] Der theoretische Zustand einer glatten Oberfläche ($Ra = 0\ \mu m$) kann in der FEM als Fläche ohne jegliche Rauheit modelliert werden. Somit kann in der FEM ein „glatter Körper" berechnet werden.

[15] Mittels user-defined-Subroutine können Materialmodelle implementiert werden, welche nicht in Abaqus vorhanden sind. Dabei erfolgt durch den Nutzer eine Programmierung des Materialverhaltens.

Tabelle 2.6: Übersicht von Materialmodellen für Papier in der out-of-plane-Richtung

Modellierungsart	Elastizitätsmodul	Schubmodul	Querkontraktionszahl	Quelle
Materialparameter für ein beschichtetes Papier implementierbar in bestehende Abaqus-Materialmodelle	$E_{x,MD} = 7.660$ MPa, $E_{y,CD} = 2.570$ MPa, $E_{z,ZD} = 140$ MPa	$G_{xy} = 1.820$ MPa	$\nu_{xy} = 0{,}27$; $\nu_{yx} = 0{,}1$; $\nu_{zx} = -0{,}04$; $\nu_{zy} = 0{,}03$	nach Stålne [99] zitiert nach [100, S. 10]
Gasket-Elemente mit einer Implementierung der Materialparameter in bestehende Materialmodelle (Simulation erfolgte mit Ansys)	eigenständige Gleichung mit Konstanten, welche nicht angegeben sind			[31] [80, S. 114]
Material implementiert als User-subroutine mit Gasket-Elementen	eigenständige Gleichung (Nr. 10 im Artikel)			[96]
Material implementiert als User-subroutine	eigenständige Gleichung mit Konstanten in Abhängigkeit u. a. der Anisotropie sowie der Probenfeuchtigkeit (relevant sind Proben 10-12)			[86]

Ultraschall

Die Größe und Form der Rad-Schiene-Kontaktfläche können auch mittels Ultraschall identifiziert werden. Für statische Versuche wird aus dem zu untersuchenden Rad und der Schiene ein Stück herausgetrennt (siehe Abb. 2.14 a)). Anschließend werden beide Probenkörper in eine Versuchseinrichtung eingebracht und der Ultraschallsender sowie -empfänger wird in einem Wasserbad über dem Schienenstück positioniert. [74, 101–106] Alternativ kann der Sensor in einer Aussparung in der Schiene eingebracht werden, sodass aus dem zu untersuchenden Rad und Schiene kein Stück herausgetrennt werden muss [107].

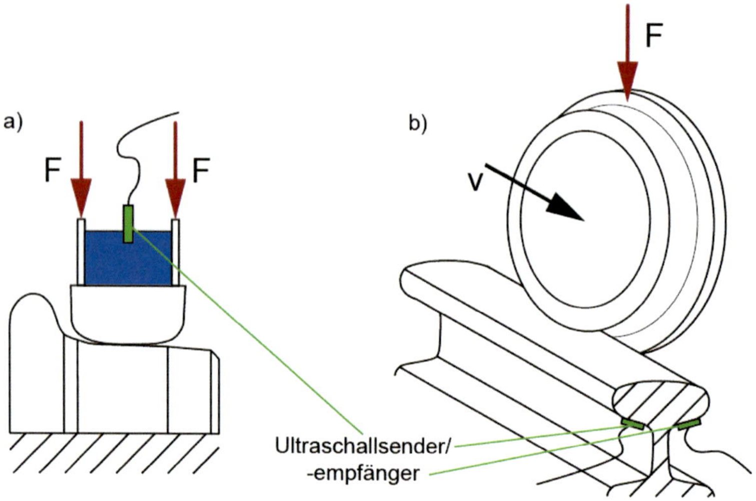

Abb. 2.14: Versuchsaufbau unter Laborbedingungen im statischen Fall (a) nach [74, 101–106]) bzw. im dynamischen Fall (b) nach [105])

Für dynamische Versuche werden Ultraschallsender und -empfänger seitlich unter dem Schienenkopf positioniert (siehe Abb. 2.14 b)). Dabei zeigten die von Zhou et al. bei einer sehr geringen Geschwindigkeit von bis zu 20 mm/s durchgeführten Versuche deutlich erkennbare Kontaktabdrücke, welche eine Abhängigkeit von den aufgebrachten Radlasten aufwiesen. [105] Für den dynamischen Fall können Sender und Empfänger auch auf dem Rad aufgebracht werden, was den Vorteil hat, dass die Kontaktfläche kontinuierlich detektiert werden kann [108].

2.2.3 Theoretische Methoden

Die theoretischen Methoden zur Bestimmung eines Kontaktes werden in analytische und numerische unterschieden, wobei die bekannteste analytische Methode die Anwendung der Gleichungen nach Heinrich Hertz ist (siehe Kapitel 2.1.1). Weitere analytische bzw. semi-analytische Methoden sind unter anderem in Stratmann et al. [13] beschrieben. Darüber hinaus können numerische Verfahren eingesetzt werden. Für die Bestimmung des Rad-Schiene-Kontaktes gibt es zwei numerische Verfahren, welche häufig verwendet werden. Dies sind die Finite-Elemente-Methode (FEM) und die

Randelementmethode (REM). Die REM wird im Regelfall für dynamische Berechnungen des Rad-Schiene-Kontaktes eingesetzt [109].

2.3 Finite-Elemente-Methode

Im Folgenden werden Grundlagen der FEM vorgestellt, welche im Rahmen dieser Arbeit von Relevanz sind. Die Finite-Elemente-Methode ermöglicht die numerische Berechnung von Bauteilen bzw. Gesamtsystemen [110, S. 3], welche analytisch nur bedingt oder gar nicht berechnet werden können. Zur Prüfung der Genauigkeit von mit FEM-Programmen durchgeführten Simulationen können analytisch lösbare Strukturen herangezogen werden, wie z. B. die Berechnung von Hertz'schen Kontaktsituationen [3, S. 36] [111, S. 299]. Eine allgemeine Einführung in die FEM sowie weitere detaillierte Erklärungen sind in der gängigen Literatur zu finden, wie z. B. in [32, 110–116].

Die Anwendung der FEM ist ein mehrstufiger Prozess. Der schematische Ablauf ist in Abb. 2.15 dargestellt. Zunächst wird ein reales Bauteil diskretisiert und die zu betrachtenden Belastungen aufgebracht, sodass entsprechende Steifigkeitsmatrizen und Gleichungssysteme aufgestellt und bestimmt werden. Die Gleichungssysteme werden anschließend numerisch gelöst, um die auftretenden Spannungen und Verformungen zu bestimmen. [116, S. 4]

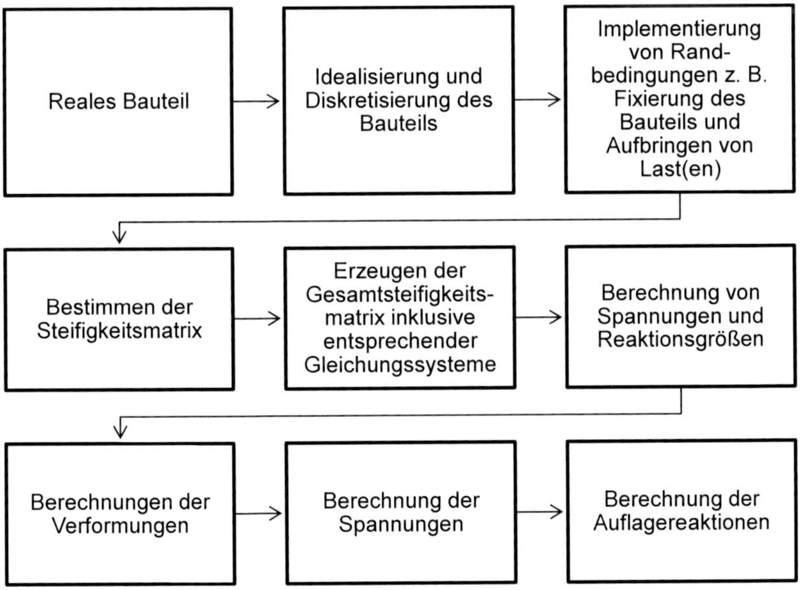

Abb. 2.15: Ablauf der FEM in Anlehnung an [116, S. 4]

Die Genauigkeit der Simulation ist unter anderem von der Wahl von Größe und Typ der Elemente abhängig. Dabei gilt, dass je feiner das Netz ist, desto genauer ist die Simulation und umso länger dauert die Berechnung. Somit ist das Ziel, grundsätzlich einen Mittelweg zwischen der Netzfeinheit – der Simulationsgenauigkeit – und der

Simulationsdauer zu finden. Dafür können Konvergenzuntersuchungen zur Ermittlung eines entsprechenden Zusammenhangs durchgeführt werden. [14, S. 82] [111, S. 9] Dörner untersuchte z. B. die resultierende Kontaktfläche von Hertz'schen Körpern in Abhängigkeit der Elementgröße, wobei die Vergleichsgrößen Ergebnisse einer analytischen Berechnung waren [3, S. 56ff]. Durch die Verwendung von Symmetriebedingungen ist es zudem möglich, die Simulationsdauer deutlich zu reduzieren, ohne dass die Genauigkeit abnimmt [112, S. 314f]. Dies ist auf die Reduktion des Modells auf z. B. eine Hälfte oder ein Viertel des Gesamtmodells zurückzuführen.

Bei der Berechnung mittels FEM wird zwischen expliziter und impliziter Berechnung unterschieden. Im Rahmen dieser Arbeit wird Abaqus Standard (Firma Simulia) genutzt, welches implizit rechnet [117, S. 8].

2.3.1 Elementtypen

Neben den in dieser Arbeit verwendeten linearen Elementen gibt es auch quadratische und kubische Volumenelemente [111, S. 170] [112, S. 272] sowie eindimensionale Stab- und Balkenelemente wie auch zweidimensionale Flächenelemente. Beispielsweise besitzt ein linearer Tetraeder vier Knoten mit jeweils drei Freiheitsgraden [112, S. 250], wohingegen ein quadratischer Tetraeder zehn Knoten mit ebenfalls je drei Freiheitsgraden hat [112, S. 271]. Die Verwendung linearer Elemente wird explizit für Berechnungen bzw. Bestimmungen von Kontaktproblemen empfohlen [112, S. 137], weshalb diese in der vorliegenden Arbeit Anwendung finden. Die Verwendung linearer Elemente führt zu konstanten Dehnungen über das gesamte Element, wohingegen quadratische Elemente an sich genauere Ergebnisse liefern [118]. Es ist zu prüfen, inwieweit diese Ergebnisse notwendig und tatsächlich „genauer" sind, da die Berechnung quadratischer Elemente länger dauert als die Berechnung linearer Elemente. Wird ein sehr feines Netz verwendet, so unterscheidet sich die Qualität des Ergebnisses zwischen quadratischen und linearen Elementen nur marginal [117, S. 258].

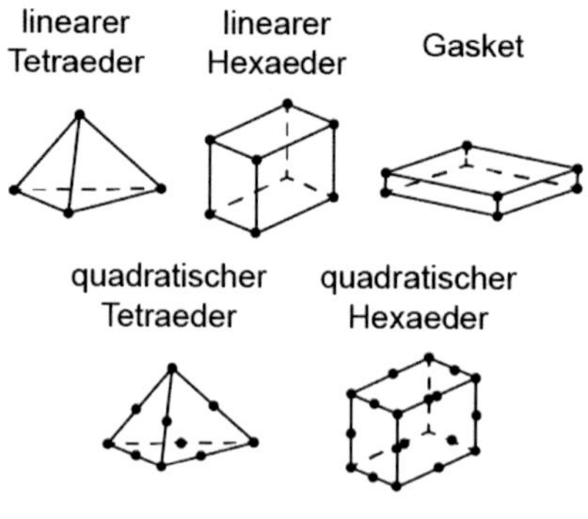

Abb. 2.16: Übersicht linearer Tetraeder-, Hexaeder- und Gasket-Elemente sowie quadratischer Tetraeder- und Hexaederelemente, angelehnt an [111, S. 169] [118]

Im Rahmen dieser Arbeit werden die in Abb. 2.16 dargestellten linearen Tetraeder-, Hexaeder- und Gasket-Elemente eingesetzt.

2.3.2 Materialien

Das Implementieren von Materialien in FE-Programmen bedarf entsprechender Materialmodelle. Abaqus stellt dafür verschiedenste Modelle zur Verfügung. Die Implementierung von Stahl in eine FE-Simulation erfolgt über ein linear-elastisches Materialmodell, welches die Hook'sche Gerade nachbildet. Dieses Materialmodell ist so lange gültig, wie eine rein elastische Verformung des jeweiligen Bauteils auftritt. Linear-elastische Materialmodelle sind die am meisten verwendeten Materialmodelle unter Betrachtung von strukturanalytischen Gesichtspunkten [113, S. 366]. Im Gegensatz dazu ist für die Implementierung eines anisotropen Werkstoffs ein elastisches Materialmodell[16] erforderlich. Die notwendigen Parameter für die Materialmodelle sind in Tabelle 2.7 aufgelistet.

Tabelle 2.7: Notwendige Parameter für die Materialmodelle [118]

Materialmodell	**Notwendige Materialparameter**
Linear-elastisch (isotrop)	Elastizitätsmodul E in MPa Querkontraktionszahl ν
Elastisch (anisotrop)	Elastizitätsmodule E_1, E_2, E_3 in MPa Querkontraktionszahlen ν_{12}, ν_{13}, ν_{23} Schubmodule G_{12}, G_{13}, G_{23} in MPa

Zur numerischen Berechnung sind Elastizitätsmatrizen für linear-elastische isotrope Materialien (2-9) und anisotrope elastische Materialien (2-10) zu unterscheiden [115, S. 33–36]. Das Vorliegen eines anisotropen Materialverhaltens kann zu numerischen Schwierigkeiten [120] und Instabilitäten führen.

$$\begin{Bmatrix} \varepsilon_x \\ \varepsilon_y \\ \varepsilon_z \\ \gamma_{xy} \\ \gamma_{yz} \\ \gamma_{zx} \end{Bmatrix} = \frac{1}{E} \begin{bmatrix} 1 & -\nu & -\nu & 0 & 0 & 0 \\ -\nu & 1 & -\nu & 0 & 0 & 0 \\ -\nu & -\nu & 1 & 0 & 0 & 0 \\ 0 & 0 & 0 & 2(1+\nu) & 0 & 0 \\ 0 & 0 & 0 & 0 & 2(1+\nu) & 0 \\ 0 & 0 & 0 & 0 & 0 & 2(1+\nu) \end{bmatrix} \begin{Bmatrix} \sigma_x \\ \sigma_y \\ \sigma_z \\ \tau_{xy} \\ \tau_{yz} \\ \tau_{zx} \end{Bmatrix} \qquad (2\text{-}9)$$

[16] Linear-elastisches Materialverhalten ist ein Spezialfall des elastischen Materialverhaltens; dabei „besteht ein linearer Zusammenhang zwischen Spannungen und Verzerrungen" [119].

$$\begin{Bmatrix} \varepsilon_{x'} \\ \varepsilon_{y'} \\ \varepsilon_{z'} \\ \gamma_{x'y'} \\ \gamma_{y'z'} \\ \gamma_{z'x'} \end{Bmatrix} = \begin{bmatrix} \frac{1}{E_{x'}} & -\frac{\nu_{x'y'}}{E_{y'}} & -\frac{\nu_{x'z'}}{E_{z'}} & 0 & 0 & 0 \\ -\frac{\nu_{y'x'}}{E_{x'}} & \frac{1}{E_{y'}} & -\frac{\nu_{y'z'}}{E_{x'}} & 0 & 0 & 0 \\ -\frac{\nu_{z'x'}}{E_{x'}} & -\frac{\nu_{z'y'}}{E_{y'}} & \frac{1}{E_{z'}} & 0 & 0 & 0 \\ 0 & 0 & 0 & \frac{1}{G_{x'y'}} & 0 & 0 \\ 0 & 0 & 0 & 0 & \frac{1}{G_{y'z'}} & 0 \\ 0 & 0 & 0 & 0 & 0 & \frac{1}{G_{z'x'}} \end{bmatrix} \begin{Bmatrix} \sigma_{x'} \\ \sigma_{y'} \\ \sigma_{z'} \\ \tau_{x'y'} \\ \tau_{y'z'} \\ \tau_{z'x'} \end{Bmatrix} \qquad (2\text{-}10)$$

2.3.3 Kontakt

In FE-Simulationen ist der Kontakt zweier Körper zu definieren. Im Rahmen dieser Arbeit wird der Fläche-zu-Fläche-Kontakt verwendet. Hierbei wird der Kontakt zweier Flächen durch die Simulationssoftware geprüft und die resultierende Kontaktfläche bestimmt [114, S. 258]. Anhand der entsprechenden Flächen ist auch festzulegen, welche die „Master“-Fläche und welche die „Slave“-Fläche ist[17]. Das FEM-Programm überprüft im Rahmen der Kontaktbedingungen, wie ein Knoten der „Slave“-Fläche mit der Kontur der „Master“-Fläche in Kontakt steht [114, S. 257]. Somit bildet die „Master“-Fläche die „Zielkontur“. Es kann grundsätzlich festgehalten werden, dass die gröber vernetzte Fläche als „Master“-Fläche und die feiner vernetzte Fläche als „Slave“-Fläche gewählt werden sollte [114, S. 291f] [117, S. 236].

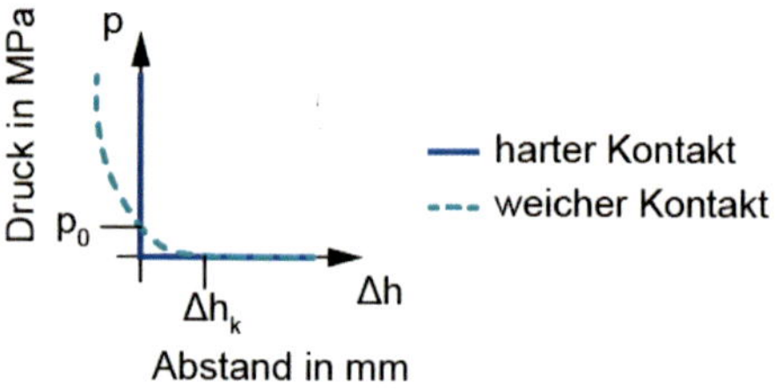

Abb. 2.17: Unterschied zwischen hartem und weichem Kontakt (in Anlehnung an [117, S. 230])

In dieser Arbeit wird in der normalen Richtung sowohl der harte Kontakt mittels Augmented Lagrange (Standard) als auch der weiche Kontakt mit Abstands-Druck-

[17] Für den definierten Kontakt zwischen „Master“ und „Slave“-Fläche prüft das Programm, ob Knoten der „Slave“-Fläche in die „Master“-Fläche eindringen [114].

Kurven[18] (siehe Kapitel 2.1.3) berücksichtigt (Abb. 2.17).[19] Beim tangentialen Kontakt wird die Reibung überwiegend mit der Penalty-Methode berücksichtigt [117, S. 234].

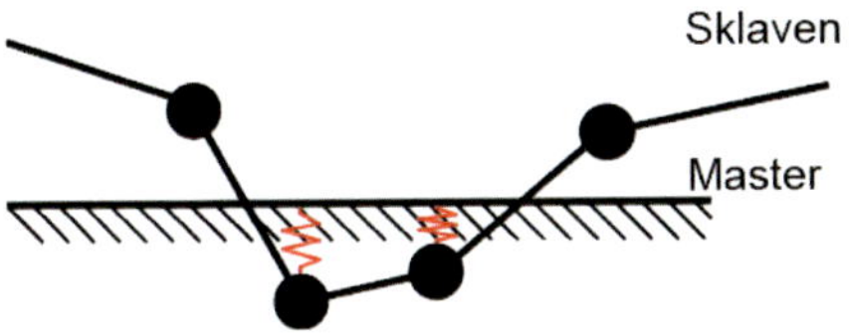

Abb. 2.18: Schematische Darstellung der Penalty-Methode nach Nasdala [117, S. 230]

Mit der Penalty-Methode wird das Ziel verfolgt, Durchdringungen zu vermeiden. Hierfür befinden sich an den Kontaktpunkten Federn, welche ein Durchdringen verhindern sollen (siehe Abb. 2.18). [117, S. 230] Die Augmented Lagrange-Methode „ist eine Erweiterung der Penalty-Methode, bei dem die Lösung der numerischen Gleichungen durch eine zusätzliche Iterationsschleife (Zähler i) verbessert wird" [117, S. 232]. Ein weiterer Unterschied zwischen der Penalty-Methode und der Lagrange-Methode ist der Erfüllungsgrad der jeweils vorliegenden Kontaktbedingungen. Bei der Penalty-Methode muss der Erfüllungsgrad der Kontaktbedingungen nur annäherungsweise erreicht werden, wohingegen bei der Lagrange-Methode die Kontaktbedingung exakt eingehalten werden muss. [111, S. 186] Die Verwendung der Augmented Lagrange-Methode kann zur Konvergenzverbesserung führen [114, S. 278]. Generell gilt, dass die Anzahl der Kontaktpunkte möglichst niedrig zu halten ist, da eine hohe Anzahl von Kontaktpunkten zu Konvergenzproblemen führen kann [117, S. 229].

Für den Kontakt zwischen Gasket-Elementen und Hexaedern gilt, dass eine einseitige Trennung der Kontaktflächen unter Belastung nicht zugelassen ist [118]. Auf der anderen Seite des Gasket-Elements können durch Abstands-Druck-Kurven die Oberflächenrauheiten berücksichtigt werden.

Für die Bestimmung der Kontaktfläche bietet Abaqus die Funktion *CAREA* an. Dabei wird ein Kontakt für die gesamte Elementfläche angegeben, auch wenn nur ein Teil des Elements in Kontakt ist (siehe hierzu Abb. 2.19). Es gilt somit ein Element als im Kontakt befindlich, wenn der wirkende Druck größer 0 MPa ist. Die in der Abbildung blau gezeichnete Isobare stellt den minimalen Druck größer 0 MPa dar, sodass alle Elemente, welche sich im Kontakt mit dieser Isobaren befinden, für die Berechnung der Kontaktfläche von Abaqus berücksichtigt werden.

---

[18] Die von Rust auf Seite 258 beschriebene „spezielle Kraft-Eindringungs-Charakteristik" entspricht in ihrer Bedeutung den Abstands-Druck-Kurven [114].

[19] Als „harter Kontakt" gilt ein Kontakt, bei dem bei Berührung sofort der maximale Druck vorherrscht. Beim „weichen Kontakt" steigt der Druck parallel zur Verringerung des Abstands der Kontaktkörper.

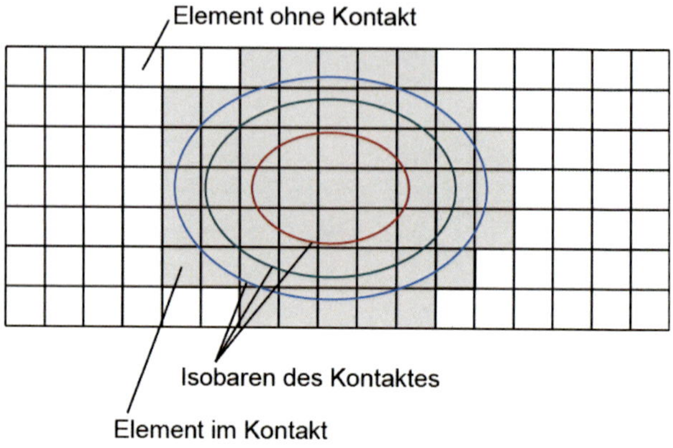

Abb. 2.19: Grafische Erklärung zur Funktion CAREA in Abaqus

2.4 Statistische Versuchsplanung

Im Rahmen der statistischen Versuchsplanung (englisch Design-of-Experiments, kurz DOE) sind zahlreiche Methoden und Verfahren entwickelt worden, mit deren Hilfe die Anzahl der Proben bzw. Versuche im Rahmen von Untersuchungen eingegrenzt oder definiert werden kann. Verschiedene Verfahren werden von Siebertz et al. [121] oder auch von Fang et al. [122] vorgestellt und beschrieben. Zu diesen Methoden oder Verfahren zählen unter anderem die von Lekue [14, 60] verwendete Sensitivitätsanalyse (Kapitel 2.4.1), die Multiple-Response-Optimisation (Kapitel 2.4.2) und die in dieser Arbeit verwendete Optimal Latin-Hypercube-Methode (Kapitel 2.4.3). In der Arbeit von Lekue [14, 60] wurde mittels Sensitivitätsanalyse geprüft, welche Auswirkungen die Variation der Querkontraktionszahl auf die resultierende Kontaktfläche besitzt. Im Anschluss daran wurde diese auf einen Parameterwert festgesetzt und mittels Latin-Hypercube-Methode der Elastizitätsmodul bestimmt.

2.4.1 Sensitivitätsanalyse

Mit Hilfe einer Sensitivitätsanalyse ist es möglich die Auswirkungen einzelner Eingangs-Parameter auf das gewünschte Ergebnis zu untersuchen. Im Rahmen der Analyse wird untersucht, welche der zu variierenden Parameter den größten Einfluss auf das Ergebnis besitzen. [122, S. 31] [123, S. 71] Die Methode der Sensitivitätsanalyse wird unterteilt in Faktor Screening, Lokale Sensitivitätsanalyse und der Globale Sensitivitätsanalyse [121, S. 415] [123, S. 72f]. Eine Sensitivitätsanalyse wird im Regelfall dann durchgeführt, wenn die Auswirkungen der Variation eines Parameters auf das Ergebnis geprüft werden sollen.

2.4.2 Multiple-Response-Optimisation

Für die Optimierung mehrerer Parameter auf einen Ziel-Wert – wie z. B. die Kontaktfläche – kann die Multiple-Response-Optimisation angewendet werden. Dabei wird für jeden Parameter eine Gleichung erarbeitet, welche kombiniert zu einer Bewertungsfunktion führt. Ein wesentlicher Nachteil dieses Verfahrens ist, dass in Abhängigkeit des Startwerts das System sehr wahrscheinlich ein lokales Optimum findet. Entsprechend wird bei diesem Verfahren empfohlen, die Startwerte zu variieren und so systematisch den Parameterraum zu analysieren. [121, S. 140]

2.4.3 Optimal Latin-Hypercube-Methode

Die Optimal Latin-Hypercube-Methode ermöglicht das effiziente Detektieren der optimalen Design- und Parameterkombinationen bei einer hohen Anzahl an Eingangsvariablen (siehe auch [124, 125]). Dadurch kann die Anzahl der zu untersuchenden Parameterkombinationen deutlich reduziert werden [126]. Die Parameter werden im Variationsbereich gleichmäßig verteilt [127]; dies steht im Gegensatz zur Latin-Hypercube-Methode[20], bei welcher die Parameter nicht gleichmäßig im Raum verteilt werden. [128] In Abb. 2.20 ist für beide Varianten beispielhaft die Parameterverteilung in einem zweidimensionalen Raum dargestellt. Raumfüllende Methoden wie die Latin-Hypercube ermöglichen die Untersuchung möglichst vieler Parameterkombinationen bei einer gleichzeitig möglichst geringen Anzahl an zu untersuchenden Varianten [128, 129].

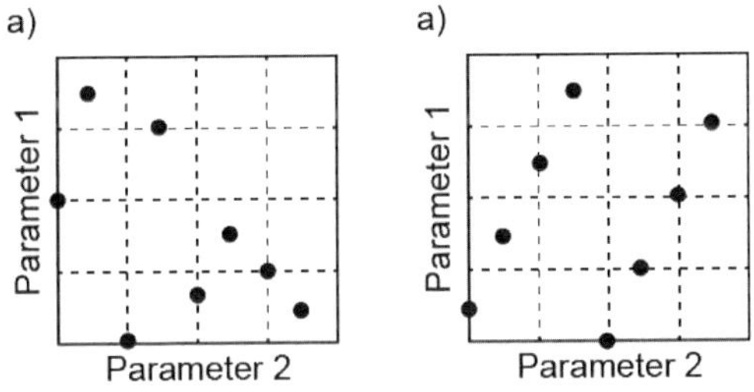

Abb. 2.20: Beispielhafte Darstellung einer Parametervariation nach der Latin Hypercube-Methode (a), angelehnt an [121, S. 206] [125]) sowie nach der Optimal Latin-Hypercube-Methode (b), angelehnt an [124])

Bei der Anwendung der Latin-Hypercube-Methode wie auch bei der Optimal Latin-Hypercube-Methode werden die Parameter im Raum verteilt, wobei keine Überlappung der Parameter – das heißt identischer Parameter – auftritt [130]. Durch die Verwendung dieser Methode ist es möglich, eine „quite satisfactory accuracy with considerably less computional effort“ [130] zu erreichen also eine zufriedenstellende Genauigkeit bei vertretbaren Aufwand zu erreichen.

[20] Es muss zwischen Optimal Latin-Hypercube-Methode und Latin-Hypercube-Methode unterschieden werden. Wesentliche Unterscheidung ist dabei die Verteilung der Parameter im Raum [128].

3 Motivation und Zielsetzung

Die Bestimmung des Kontaktes zweier Körper ist ein wesentlicher Teil der Kontaktmechanik, welcher weiterhin nicht hinreichend untersucht ist. Der Kontakt zwischen Eisenbahnrad und Schiene stellt einen Extremfall der Kontaktmechanik dar, da große Kräfte über eine sehr kleine Fläche übertragen werden. Diese Kombination führt zu lokalen Belastungen von bis zu 1.000 MPa [3, S. 1] einen Wert der oberhalb der Streckgrenze der meisten verwendeten Stählen liegt. Um zu beurteilen, wie die Belastungen auf die Kontaktkörper wirken, ist die Kenntnis von Lage, Form und Größe der vorhandenen Kontaktfläche entscheidend.

Die Verwendung von Druckmessfolien als adäquates Mittel zur experimentellen Identifikation von Größe und Form der Kontaktfläche ist von zahlreichen Autoren [3, 14, 27, 54, 55] beschrieben worden. Darüber hinaus stellte Kleiner [27, 40, 47] in seinen Arbeiten die Möglichkeit der Ermittlung des maximal wirkenden Druckes sowie der Druckverteilung mittels Superpositionsprinzip aus Messungen mit Druckmessfolie vor. Um die notwendige Wiederholgenauigkeit zu garantieren, bedarf es eines Prüfstandes, damit die wirkenden Belastungen stufenweise erhöht werden können und gleichzeitig die Lage beibehalten wird. Unter realen Bedingungen können somit nur die Kontaktflächengröße und -form bestimmt werden. In der Forschung findet auch die Bestimmung der Kontaktfläche mittels Ultraschall Anwendung, was jedoch besonders geschultes Personal und eine entsprechende Ausstattung und Präparation von Rad und Schiene erfordert. Alternativ kann die Kontaktfläche mit Kohlepapier in Kombination mit herkömmlichem Papier untersucht werden. Dieses Verfahren ist aber im Zusammenhang mit dem Rad-Schiene-Kontakt wissenschaftlich bisher nur unzureichend untersucht worden. Es fehlen insbesondere Angaben zur Genauigkeit und zur spezifischen Überschätzung des Verfahrens.

Zur Reduzierung des experimentellen Aufwandes zur Bestimmung des Kontaktes können FEM-Simulationen verwendet werden. Für diese Simulationen wird die Nachbildung der in den Experimenten verwendeten Zwischenschicht benötigt, wozu entsprechende Materialmodelle vorhanden sein müssen. Im Fall der Druckmessfolie also der Zwischenschicht verfolgte Dörner [3, 35] den Ansatz eines physikalisch korrekten elasto-plastischen Materialmodells, was eine aufwendige Auswertung nach sich zieht. Im Rahmen dieser Auswertung muss der Schwellwertdruck der Druckmessfolie bei der Bestimmung der Kontaktfläche berücksichtigt werden. Hingegen war das Ziel von Lekue [14, 60], mittels einer Sensitivitätsanalyse linear-elastische Materialmodelle für die MS-, HS- und HHS-Druckmessfolien zu entwickeln, mit deren Hilfe die sofortige Bestimmung der resultierenden Kontaktfläche möglich ist. Dieser Ansatz mündete in ein Materialmodell für die HS-Druckmessfolie und weist Abweichungen von bis zu 15 % (Tabelle 5.18) im Hertz'schen Kontakt auf. Den gleichen Ansatz verfolgten Stratmann et al. [33] mit der Entwicklung elasto-plastischer Materialmodelle für alle drei Folientypen. Solche Materialmodelle sind mit höheren numerischen Instabilitäten sowie mit längeren Rechenzeiten verbunden. Da Stratmann et al. die Parameter für die drei Materialmodelle bestimmen konnten und zugleich die Gültigkeit entsprechender Abstands-Druck-Kurven bewiesen, wird angenommen, dass dies für die MS- und HHS-

Druckmessfolien auch, wie bei der HS-Folie, mit linear-elastischen Materialparametern möglich ist. Darüber hinaus wird angenommen, dass die im Modell für die HS-Druckmessfolie von Lekue vorliegende Abweichung von bis zu 15 % unterschritten werden kann.

Die Forschungshypothese dieser Arbeit lautet, dass es möglich ist, linear-elastische Materialmodelle für die drei bisher verwendeten einlagigen Druckmessfolien (MS, HS und HHS) sowie für Kohlepapier in Kombination mit herkömmlichem Papier aufzustellen. Damit soll eine Steigerung der Genauigkeit und Robustheit des simulativen Voraussagemodells der Kontaktsituationen von Druckmessfolien und Kohlepapier im Vergleich zum Experiment erreicht werden. Im Rahmen dieser Forschungshypothese soll zugleich die Effektivität bei der Verwendung von Kohlepapier im Vergleich zur Verwendung von Druckmessfolie im Experiment und in der Simulation untersucht und bewertet werden.

Das erste Ziel dieser Arbeit ist daher die Bestimmung von Parametern für elasto-plastische Materialmodelle für die drei Arten von Druckmessfolien, mit deren Hilfe die experimentell erzeugten Kontaktabdrücke des Hertz'schen Kontaktes simulativ nachgebildet werden können. Dafür werden elasto-plastische Materialmodelle auf der Basis vorhandener Kontaktflächenabdrücke von Hertz'schen Körpern entwickelt. Das zu entwickelnde Materialmodell für die HS-Druckmessfolie soll die Abweichungen von bis zu 15 % beim Modell von Lekue unterschreiten. Experimentell sollen die Modelle anhand von Abdrücken des Rad-Schiene-Kontaktes unter Verwendung der bekannten Druckmessfolientypen validiert werden. Die abschließende Evaluierung dient der Beurteilung des aufgestellten Modells und somit der Genauigkeit des Voraussagemodells hinsichtlich der Kontaktflächenabweichungen.

Das zweite Ziel dieser Arbeit ist die Beurteilung der Entwicklung und Validierung von Materialmodellen für Kohlepapier einschließlich der Überprüfung, inwieweit Kohlepapier als Medium für die Identifizierung des Rad-Schiene-Kontaktes geeignet ist. Hierbei liegt das Augenmerk auf der Vergleichbarkeit der Ergebnisse von experimentellen Versuchen mit Kohlepapier zu Versuchen mit Druckmessfolien sowie auf der Wiederholgenauigkeit der Experimente. Zur Simulation des Kohlepapiers wird ein Materialmodell für Kohlepapier wie auch für herkömmliches Papier entwickelt, die mit den experimentell erzeugten Abdrücken des Rad-Schiene-Kontaktes validiert werden. Der Fokus liegt auf der Prüfung von Kohlepapier im Vergleich zu Druckmessfolie hinsichtlich der Anwendbarkeit und Genauigkeit von Kohlepapier als Zwischenschicht.

4 Experimentelle Evaluation des Rad-Schiene-Kontaktes

Für die Ermittlung des Rad-Schiene-Kontaktes unter gleichbleibenden Bedingungen ist es erforderlich, die Experimente an einem Prüfstand durchzuführen. Im Unterkapitel 4.1 wird nachfolgend auf den verwendeten Prüfstand und seine Besonderheiten eingegangen. Des Weiteren wird die Versuchsdurchführung dargelegt. Anschließend erfolgt in Kapitel 4.2 die Beschreibung der Experimente anhand der erstellten Kontaktabdrücke. Abschließend werden in Kapitel 4.3 exemplarisch erzielte Ergebnisse für die drei verschiedenen Druckmessfolien und das Kohlepapier evaluiert.

4.1 Entwicklung des experimentellen Prüfaufbaus zur Durchführung der Versuche

Für die Durchführung der Experimente ist ein Prüfstandsaufbau entwickelt worden, welcher die Besonderheiten des am Institut für Schienenfahrzeuge vorhandenen Hydropulsprüfstands berücksichtigt. Dieser weist die für die Untersuchungen notwendigen Einstellmöglichkeiten auf, wie z. B. die laterale Verschiebbarkeit des Rades und die Möglichkeit, die Versuche kraftgeregelt durchzuführen. Das Aufbringen der benötigten Kraft erfolgt durch einen Zylinder[21] der Firma MTS. Die aufgebrachte Kraft wird durch einen Kraftaufnehmer der Firma MTS[22] gemessen. Durch den in Abb. 4.1 dargestellten nahezu symmetrischen Aufbau erfolgt die Lasteinleitung in das Rad über die Schiene kollinear zur Achse des Hydraulikzylinders.

Auf dem vertikal ausgerichteten Zylinder ist eine Halteplatte montiert, die mit den vertikalen Führungssäulen verschraubt ist. Die Führungssäulen wiederum beinhalten Gleitlagerbuchsen, in denen die Verbindungsstangen zum Rahmen gelagert sind. Dieser Aufbau verhindert ein Verkippen oder Verdrehen der Komponenten. Zusätzlich ist auf der Halteplatte eine Abstandsplatte mit einer Schraubverbindung montiert. Die Oberseite der Abstandsplatte weist eine Neigung von 1:40 auf, sodass die geforderte Schieneneinbaulage gewährleistet wird (siehe auch Kapitel 2.2.1). Das Rad ist über eine Achse beidseitig in Lagerböcken radial gelagert. Durch eine axiale Verschiebung der Radachse kann die Querposition des Rades auf der Schiene in der horizontalen Ebene (siehe Abb. 2.6) bedarfsgerecht angepasst werden. Insbesondere ermöglicht dies eine kollineare Lasteinleitung, wodurch ein Kippmoment vermieden wird.

[21] Die maximale Last, die der Zylinder aufbringen kann, beträgt 250 kN und die Hübe sind auf ±75 mm beschränkt.
[22] Die Modellnummer des Kraftaufnehmers lautet: 661.22D-01. Der Kraftaufnehmer ist bis zu 150 % seiner Nennlast statisch belastbar und weist eine Genauigkeit von ±1 % des Messwerts auf.

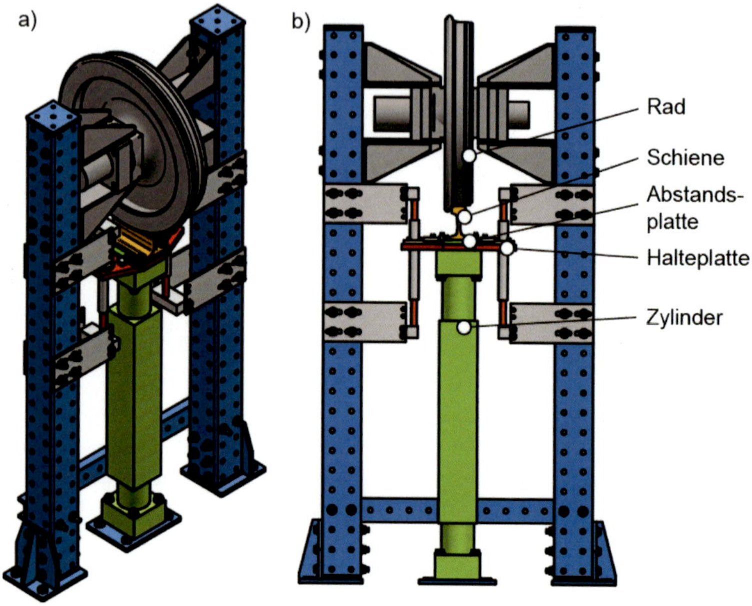

Abb. 4.1: Prüfstandsaufbau als CAD-Darstellung;
a) isometrische Ansicht, b) Ansicht von vorn

Die aufgenommene Kontur des gelaufenen Radprofils ist in Abb. 4.2 im Vergleich zum Neuprofil S1002 dargestellt. In der Abbildung ist der leichte Hohllauf in der Lauffläche des gelaufenen Rades zu erkennen.

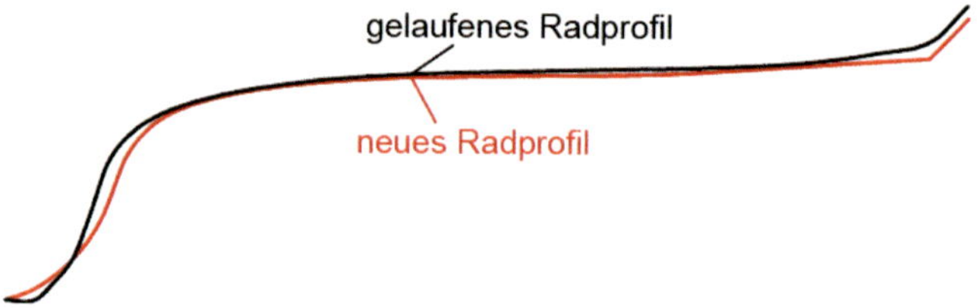

Abb. 4.2: Vergleich des verwendeten gelaufenen Radprofils mit einem neuen Radprofil

Der Prüfstandsaufbau ist in Abb. 4.3 dargestellt. Bei dem eingebauten Rad handelt es sich um ein im regulären Betrieb gelaufenes Rad (teil-verschlissenes S1002-Profil, siehe Abb. 4.2) und eine neuwertige Schiene (Profil 60E1 im Neuzustand). Es wird ein gelaufenes Rad verwendet, um Rillen (die durch das Profilieren entstehen) in den Kontaktflächenabdrücken zu vermeiden (siehe dazu [27, S. 121]). Im Vergleich zur Arbeit von Kleiner ergibt sich daher eine andere Radprofilwahl hinsichtlich des Gebrauchtzustandes.

Abb. 4.3: Prüfstand zur Erzeugung von Rad-Schiene-Kontaktabdrücken

Tabelle 4.1: Übersicht der gerundeten gemittelten Oberflächenrauheiten der Kontaktpartner inklusive der Standardabweichung (weitere Werte in Tabelle A.1)

Messstelle	R_a	R_z
Druckmessfolie oben (glänzend, glatt)	0,1 ±0,0	0,3 ±0,0
Druckmessfolie unten (matt, rau)	2,4 ±0,1	14,1 ±0,5
Kohlepapier oben (schwarz)	1,0 ±0,0	4,8 ±0,2
Kohlepapier Rückseite	1,0 ±0,1	5,4 ±0,2
Papier	2,9 ±0,2	16,1 ±1,3

Für die später erfolgende Bewertung der Anwendbarkeit des Verfahrens (siehe Kapitel 7.5) erfolgte eine Bestimmung der Oberflächenrauheiten der Kontaktpartner in der Kontaktzone. Dabei wurde die Rauheit der Schiene mit $R_a = 6$ ($R_z = 61$) und die des

Rades mit $R_a = 2$ ($R_z = 21$) mittels konfokaler Lasermikroskopie[23] ermittelt. Die Oberflächenrauheiten der Zwischenschichten sind mit einem Tastschnittgerät[24] bestimmt worden (Tabelle 4.1).

Für die experimentelle Bestimmung von Größe und Form der Kontaktfläche und ihrer Position wurden im Rahmen dieser Arbeit verschiedene Druckmessfolientypen sowie Kohlepapier verwendet. Das Kohlepapier wird bei der Versuchsdurchführung mit herkömmlichem Papier (Flächengewicht von 80 g/m²) kombiniert. Hierzu werden die Druckmessfolien, wie auch das Kohlepapier, in dem Bereich zwischen Rad und Schiene eingebracht und mittels Klemmen seitlich befestigt, sodass der gesamte Schienenkopf bedeckt ist. Die gewählte Anordnung ist von unten nach oben: Schiene, herkömmliches Papier, Kohlepapier, Rad bzw. Schiene, Druckmessfolie und Rad. Die Befestigung ist exemplarisch in Abb. 4.4 dargestellt.

Abb. 4.4: *Einbringung eines Kohlepapiers in Kombination mit einem herkömmlichen Papier im Rad-Schiene-Kontakt*

4.2 Experimentelle Durchführung und Auswertung

Für die Durchführung der Experimente sind neben der Wahl der Schiene und des Rades auch die Wahl der Kontaktkräfte und der horizontalen Querverschiebung des Rades zur Schiene relevant (siehe auch Kapitel 4.1). Die aufgebrachte Kraft wird zwischen 25 kN und 100 kN in 25 kN-Schritten variiert. Als maximale Kraft wird die von Kleiner bestimmte statische Radlast von 110 kN [27, S. 47] gewählt. Sie entspricht in guter Näherung der maximal zulässigen Achslast auf Hauptstrecken in Europa von 22,5 t[25] [37, S. 170] [38, 133].

Die Querverschiebung des Rades zur Schiene ist folgendermaßen definiert: Eine Verschiebung von $\Delta\eta = 0\ \mathrm{mm}$ liegt vor, wenn die Schienenkopffahrflächenmitte mit dem Messkreisfußpunkt des Rades übereinanderliegt. Der Querversatz von Schiene zu

[23] Konfokales Lasermikroskop VK-X210 von Keyence. Mit Hilfe eines konfokalen Lasermikroskops wird die bestehende Oberfläche eines Objekts schrittweise abgetastet, sodass aus den Ergebnissen ein dreidimensionales Bild berechnet werden kann [131].

[24] MarSurf PS1 Tastschnittmessgerät der Firma Mahr. Bei Messungen mittels Tastschnittmessgerät „wird die zu prüfende Werkstückoberfläche mit einer Diamantnadel abgetastet“ [132].

[25] Im Netz der DB beträgt die zulässige Achslast für die Streckenklasse D4 22,5 t [37, 38].

Rad wird zwischen $\eta = -2{,}5\ \mathrm{mm}$ und $\eta = +7{,}5\ \mathrm{mm}$ variiert (angelehnt an Kleiner [27, S. 70]), wobei die entsprechende Definition der Verschiebungsrichtungen in Abb. 2.6 dargestellt ist (siehe Kapitel 2.2.1).

Neben der Verschiebung der Radprofilposition zur Schiene und der Radkraft werden auch Art und Typ der Druckmessfolie zur Erzeugung des topografischen Kontaktabdrucks variiert. Im Rahmen der Experimente werden die drei genannten Druckmessfolien sowie Kohlepapier (siehe Kapitel 2.2.2) in den Rad-Schiene-Kontakt eingebracht. Eine Übersicht der Variationsparameter ist in Tabelle 4.2 dargestellt.

Tabelle 4.2: Variationsparameter der Experimente

Typ	**Parameter**
Kraft F in kN	25; 50; 75; 100; 110
horizontale Position η in mm	-2,5; -1,5; -0,5; ±0,0; +0,5; +1,5; +2,5; +3,5; +4,5; +5,5; +6,5; +7,5
Zwischenschicht	Druckmessfolientyp: MS, HS, HHS (siehe Kapitel 2.2.2); Kohlepapier[26] in Kombination mit herkömmlichem Papier[27]

Die Variation der verschiedenen Parameter ermöglicht eine umfangreiche Untersuchung der tatsächlich auftretenden Kontaktflächen inklusive einer Darstellung der erzeugten Kontaktflächen in Abhängigkeit der verwendeten Zwischenschicht. Dabei werden von jeder Kombination jeweils drei Abdrücke hergestellt, sodass die Wiederholbarkeit gewährleistet ist und Ausreißer vermieden werden können. Die entsprechenden Versuchsmatrizen sind im Anhang in Tabelle A.2 und Tabelle A.3 aufgelistet.

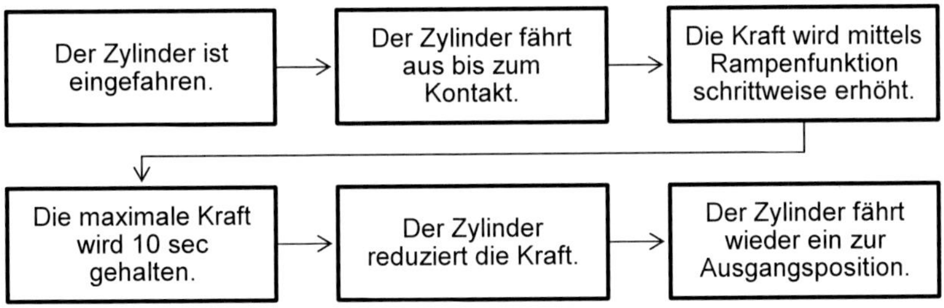

Abb. 4.5: Übersicht zum Ablauf der Versuchsdurchführung

Für die Durchführung der Experimente ist ein allgemeiner Verfahrensablauf festgelegt worden. Dieser Ablauf (Abb. 4.5) wird während der Versuche kontinuierlich beibehalten, sodass Abweichungen aus verfahrenstechnischer Sicht keinen Einfluss haben.

---

[26] Das verwendete Kohlepapier ist für Schreibmaschinen vom Typ „interplastic 1022 G" von der Pelikan AG und hat eine Dicke von 0,05 mm.

[27] Das verwendete Kopierpapier hat eine Dicke von 0,1 mm und das Flächengewicht beträgt 80 g/m².

Untersuchungen bzgl. der notwendigen Haltezeit sind von Kleiner [27, S. 118] durchgeführt worden, sodass die von ihm verwendete Haltezeit von 10 sec übernommen wurde [27, S. 119].

Im Rahmen der Experimente werden zum einen die Größe der Kontaktfläche und zum anderen die Wiederholgenauigkeit des Verfahrens bestimmt. Dafür wurden für die Druckmessfolien während der Durchführung der Experimente die Luftfeuchtigkeit sowie die Umgebungstemperatur dokumentiert, da beides (nach Herstellerangaben [50]) einen Einfluss auf die Resultate hat.[28] Bei der Auswertung der auf die Druckmessfolien einwirkenden Drücke mit Hilfe der Software FPD-8010E (Version 2.0) der FUJIFILM Corporation wurden Luftfeuchtigkeit und Umgebungstemperatur mitangegeben, ebenso der Zeitpunkt der Durchführung der Experimente. Bei der Auswertung der Experimente mit der entsprechenden Software war zu berücksichtigen, dass diese nur „gefärbte" Flächen als Kontaktbereiche detektiert. Dies ist beispielhaft in Abb. 4.6 dargestellt. Durch die inhomogenen Abdrücke wird die tatsächliche Kontaktfläche unterschätzt, was zu Differenzen zwischen Simulationen und Experimenten führen kann (siehe Kapitel 7).

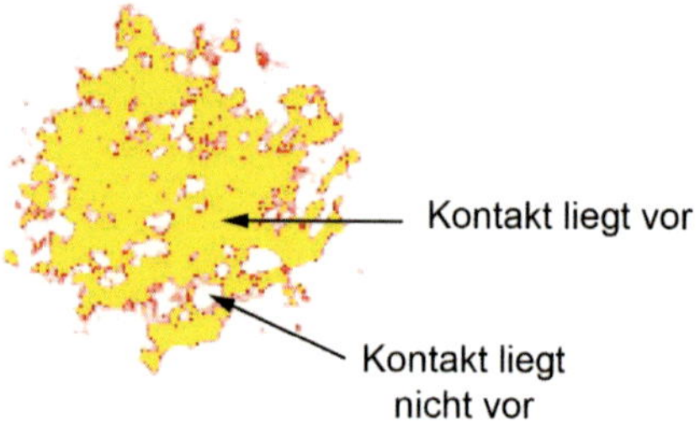

Abb. 4.6: Definition der Kontaktfläche, basierend auf der Software FPD-8010E der Firma FUJIFILM

Simultan zur Auswertung der Druckmessfolienabdrücke mit der Software FPD-8010E erfolgte die Auswertung der Kohlepapierabdrücke durch die Software ImageJ (Open Source). Eine Auswertung der Kohlepapierabdrücke durch die Software der Firma FUJIFILM Corporation ist nicht möglich. Für eine Vergleichbarkeit bei den ausgewerteten Abdrücken wird die Software ImageJ so eingestellt, dass nicht ausgefüllte Bereiche (Leerstellen) als keine Kontaktfläche und ausgefüllte Bereiche als Kontaktfläche detektiert werden (Definition wie in Abb. 4.6). Dies entspricht der Definition innerhalb der Software FPD-8010E für die Auswertung der Druckmessfolien. Ein Vergleich für eine exemplarische Position und Kraft hat für die in dieser Position erzeugten

[28] Die Luftfeuchtigkeit variierte während der Versuche im Bereich von 53 % - 68 % und die Temperatur im Bereich von 16°C – 23°C. Laut Herstellerangaben ist die empfohlene Luftfeuchtigkeit im Bereich von 35 % - 80 % und die Temperatur im Bereich von 20°C – 35°C [52].

Abdrücke vergleichbare Ergebnisse zwischen beiden Programmen ergeben (siehe Tabelle A.17).

4.3 Ergebnisse und Evaluation der Experimente

Im Rahmen der Experimente wurden zur Sicherstellung der Wiederholgenauigkeit von allen Kontaktsituationen (siehe Tabelle 4.2) jeweils drei Abdrücke pro Zwischenschicht erzeugt. In Abb. 4.7 ist eine exemplarische Übersicht der erzeugten Kontaktflächen für die Kontaktsituation mit $\eta = +4{,}5\ \mathrm{mm}$ dargestellt. Die horizontale Linie gibt jeweils die Position der Schienensymmetrielinie an. Mittels Pfeils ist die Gleismitte markiert.[29]

Werden die in Abb. 4.7 dargestellten Kontaktabdrücke mit den experimentellen Ergebnissen von Kleiner [27, S. 122–125] verglichen, so wird deutlich, dass in beiden Fällen Leerstellen aufgetreten sind. Weiterhin sind bei Kleiner die durch die Profilierung vorliegenden Rillen im Kontaktabdruck erkennbar. Die zuvor beschriebenen auftretenden Probleme mit Leerstellen in den mittels Druckmessfolie oder Kohlepapier erzeugten Abdrücken sind auf den Kontakt zwischen rauen Oberflächen zurückzuführen. Das gleiche Phänomen ist beim Kontakt zweier rauer Körper mit einer dazwischenliegenden Dichtung zu beobachten [18, S. 112] [50]. Dieses Phänomen der Leerstellen beobachteten auch Sarwar et al., welche von nicht gleichmäßigen Kanten in den Abdrücken in Druckmessfolien berichteten [69]. Nach Popov müssen die Körper solange zusammengedrückt werden bis die Perkolationsgrenze erreicht wird. Die dafür erforderliche Kraft muss ungefähr so hoch sein, dass die Asperiten zur Hälfte deformiert sind, damit eine kraftschlüssige Verbindung entsteht. [18, S. 112] Bis zu einem gewissen Grad gilt ein linearer Zusammenhang zwischen der resultierenden Kontaktfläche und der aufgebrachten Normalkraft [19, S. 5]. Untersuchungen des Kontaktes zweier Körper von Chen et al. [79] haben gezeigt, dass sich die nominal bestimmte Kontaktfläche und die aktuelle Kontaktfläche[30] unterscheiden, wobei die Größe der Differenz abhängig von dem gewählten Kohlepapier und der aufgebrachten Kraft ist. Dieser Zusammenhang bei der Bestimmung der Kontaktflächengrößen ist auch bei der Betrachtung der Abdrücke unterschiedlicher Druckmessfolientypen sowie den unterschiedlichen aufgebrachten Kräften erkennbar, wobei die mittels Kohlepapier erzeugten Abdrücke in Bezug auf die Kontaktflächengröße zwischen denen der HHS-Druckmessfolie und der HS-Druckmessfolie einzuordnen sind (siehe Tabelle 4.3). Die experimentell bestimmten Kontaktflächengrößen weiterer Positionen (Tabelle 4.2) sind im Anhang in Tabelle A.4 bis Tabelle A.16 aufgelistet.

---

[29] Die Markierung der Gleismitte mittels Pfeils wird in den Abbildungen jeweils gleichbedeutend verwendet.

[30] Popov verwendet die Begriffe „scheinbar" und „real" [18]. Dabei entspricht die nominale oder eben „scheinbare" Kontaktfläche der angenommenen Kontaktfläche ohne Berücksichtigung der Oberflächenrauheit. Wird die aktuelle oder „reale" Kontaktläche betrachtet, so handelt es sich um die unter Berücksichtigung der Oberflächenstruktur der Kontaktkörper entstehende Kontaktfläche.

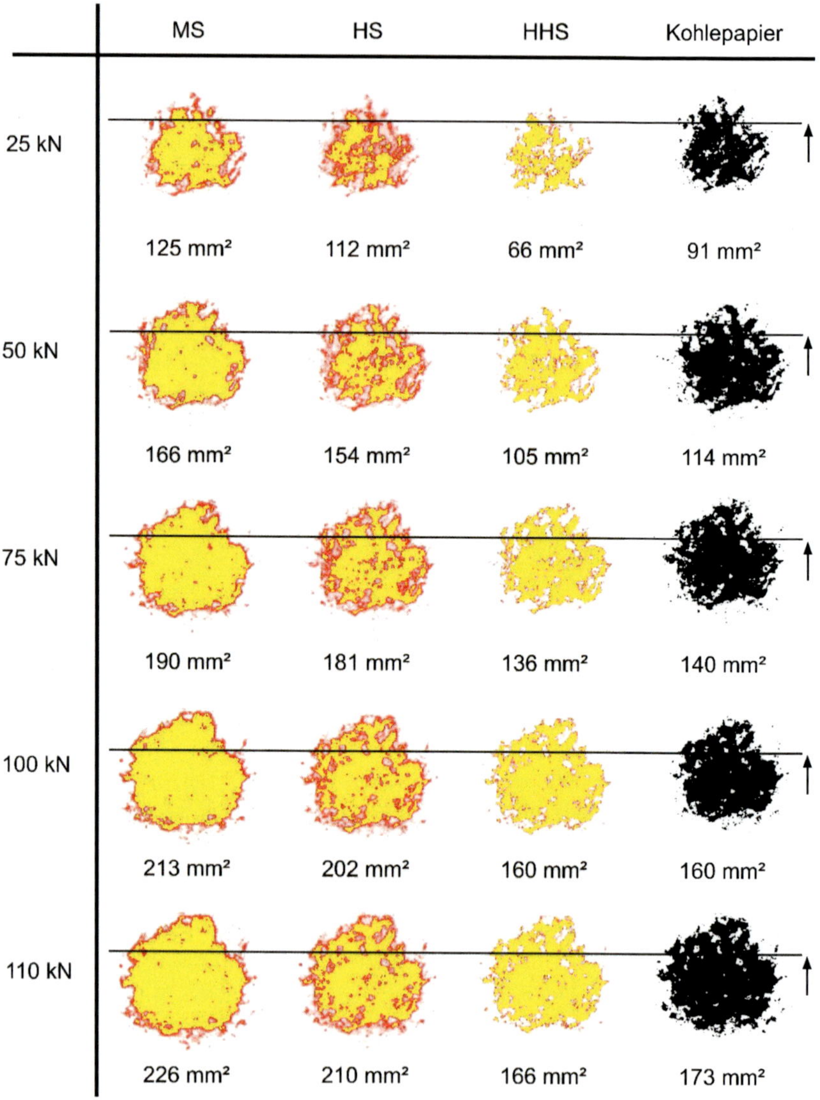

Abb. 4.7: *Exemplarische Übersicht der Kontaktabdrücke für einen Radquerversatz von* $\eta = +4{,}5\ mm$

Tabelle 4.3: *Exemplarische Übersicht der Mittelwerte inklusive der Standardabweichungen der erzeugten Kontaktflächen für $\eta = +4{,}5\ mm$*

	mittlere Kontaktfläche in mm²			
Kraft	**MS**	**HS**	**HHS**	**Kohlepapier**
25 kN	125 ±0,5 ±0,40 %	108,3 ±1,8 ±1,66 %	64,3 ±0,8 ±1,24 %	88,6 ±1,1 ±1,24 %
50 kN	166 ±0,0 ±0,00 %	153 ±0,5 ±0,33 %	105,7 ±0,2 ±0,19 %	114,6 ±0,7 ±0,61 %
75 kN	191 ±0,5 ±0,26 %	180,3 ±0,3 ±0,17 %	136,7 ±0,2 ±0,15 %	139,9 ±0,3 ±0,21 %
100 kN	214,7 ±0,7 ±0,33 %	201 ±0,5 ±0,25 %	159,3 ±0,3 ±0,19 %	164 ±2,8 ±1,71 %
110 kN	224 ±1,0 ±0,45 %	208,7 ±0,7 ±0,34 %	165,7 ±0,2 ±0,12 %	168,6 ±2,0 ±1,19 %

Die in Tabelle 4.3 aufgezeigten Werte der ermittelten Kontaktflächengrößen weisen unterschiedlich hohe Standardabweichungen auf einem sehr niedrigen Niveau auf. Aufgrund der höheren Abweichungen bei Kohlepapier von im Durchschnitt ±1,20 % im Vergleich zu 0,26 % (MS), 0,41 % (HS) und 0,25 % (HHS) über alle Kontaktsituationen (siehe Tabelle A.2 und Tabelle A.3) wurde für die Kontaktsituation $\eta = \pm 0\ \mathrm{mm}$ bei einer Kraft von $F = 50\ \mathrm{kN}$ ein erhöhter Stichprobenumfang von 20 Abdrücken derselben Kontaktsituation verwendet. Die Kontaktsituation ist auf Grund der Position vom Rad zur Schiene (Schienenkopfprofilmitte stimmt mit dem Messkreisfußpunkt des Rades überein) und der annähernd halben Maximalkraft gewählt worden. Die Kontaktabdrücke werden herangezogen, um eine genauere Aussage über die Wiederholgenauigkeit des Verfahrens treffen zu können.

In Abb. 4.8 ist eine Übersicht über die erzeugten Kontaktflächen dargestellt. Der horizontale Strich stellt jeweils die Mittellinie der Schiene dar. Es zeigt sich, dass die Abweichungen – in Form und Größe – zwischen den einzelnen Kontaktflächen gering sind. Der Mittelwert der Kontaktflächengröße beträgt 110,37 mm² bei einer Standardabweichung von ±5,63 mm² (±5,1 %). Die prozentuale Abweichung über alle Kontaktsituationen (siehe Tabelle A.2 und Tabelle A.3) liegt hingegen nur bei ±1,20 %. Unterschiede in den prozentualen Abweichungen sind auf die unterschiedlichen Kontaktpositionen zurückzuführen. Grundsätzlich kann von einer sehr guten Wiederholgenauigkeit bei der Verwendung von Kohlepapier ausgegangen werden. Ein entsprechender Nachweis der Wiederholgenauigkeit für Druckmessfolien ist bereits durch Dörner [3, S. 119ff] erfolgt.

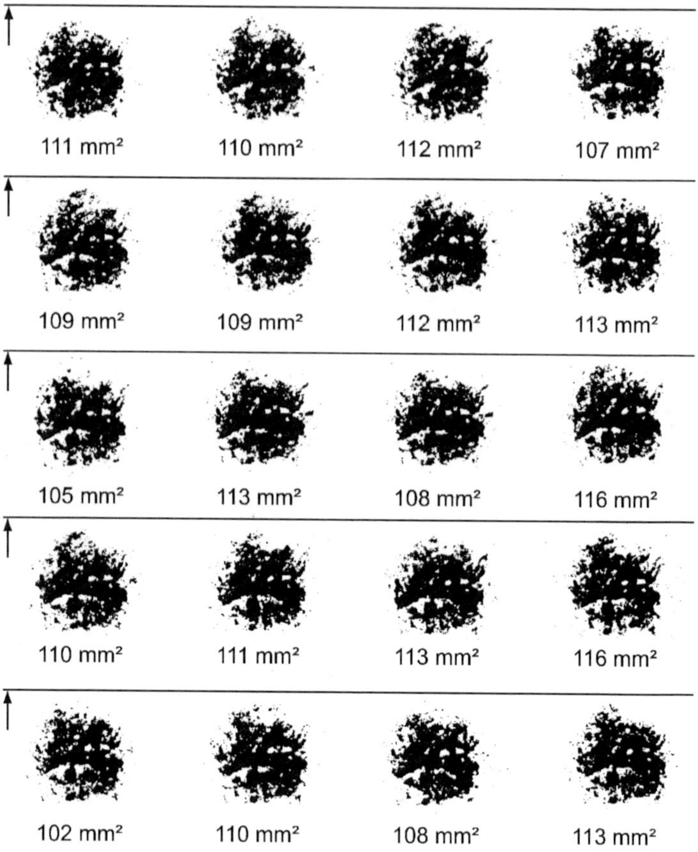

Abb. 4.8: *Kohlepapierabdrücke für die Kontaktsituation* $\eta = \pm 0\ mm$ *bei einer Kraft von 50 kN*

5 Simulation von Druckmessfolie

Zur simulativen Nachbildung der Rad-Schiene-Kontaktsituation unter Einbeziehung der Druckmessfolie ist sowohl ein entsprechendes Materialmodell beider Kontaktpartner als auch eines für die Druckmessfolie erforderlich. In den bisherigen Untersuchungen am Rad-Schiene-Kontakt erfolgte die Verwendung von allen drei einlagigen Druckmessfolientypen (siehe unter anderem Kapitel 2.2.2 bzw. [14]). Somit sind für alle drei Druckmessfolientypen Materialmodelle für die Nachbildung des erzeugten Kontaktabdrucks notwendig. Die in Tabelle 2.5 aufgelisteten Materialmodelle von Dörner [3] und Lekue [14, 60] haben folgende Nachteile: Das Materialmodell von Dörner [3] erfordert die Berücksichtigung der Schwellwertdrücke der Druckmessfolien bei der Auswertung der Kontaktflächen, was zu einem umfangreichen Auswerteprozess führt. Lekue entwickelte nur ein Materialmodell für die HS-Druckmessfolie und zwar ein linear-elastisches. Basierend auf den zuvor genannten Aspekten werden zuerst elastoplastische Materialmodelle für die Druckmessfolien entwickelt (in Anlehnung an die Empfehlung von Dörner [3, S. 116]). Durch die auftretende numerische Instabilität bei der Bestimmung der Abstands-Druck-Kurven für den Rad-Schiene-Kontakt werden anschließend linear-elastischer Materialmodelle zur Nachbildung der detektierten Kontaktfläche für die Druckmessfolientypen entwickelt. Die entwickelten linear-elastischen Materialmodelle werden anschließend um Abstands-Druck-Kurven erweitert und im Rad-Schiene-Kontakt implementiert. Im Folgenden wird auf beide Entwicklungen eingegangen.

5.1 Bestimmung der elasto-elastischen Materialparameter am glatten Hertz'schen Kontakt

Die Bestimmung der elasto-plastischen Materialparameter für die drei verwendeten Druckmessfolien erfolgt anhand der von Lekue [14] veröffentlichten Ergebnisse (siehe Kapitel 2.1.2) über experimentelle Untersuchungen zum glatten Hertz'schen Kontakt[31]. Diese dienen als Vergleichswerte für die Auswertung der FEM-Simulationen und somit als Grundlage für die Bestimmung entsprechender Parameterkombinationen.

5.1.1 Simulationsaufbau

Für die Ermittlung elasto-plastischer Materialmodelle wird ein FEM-Modell verwendet, welches an die Arbeiten von Lekue [14, 60] angelehnt ist und dem experimentellen Aufbau aus der Arbeit von Lekue [57] entspricht. Das rotationssymmetrische Modell (Abb. 5.1) stellt einen Ausschnitt des Kontaktes zwischen zwei zylindrischen Körpern mit einer ebenen und einer sphärischen Oberfläche dar. In der Abbildung ist eine schematische Vernetzung der Kontaktkörper dargestellt.

---

[31] Eine glatte Oberfläche ist im Rahmen der Untersuchungen für eine Oberflächenrauheit von $Ra < 0{,}1\,\mu m$ definiert (siehe auch [14]).

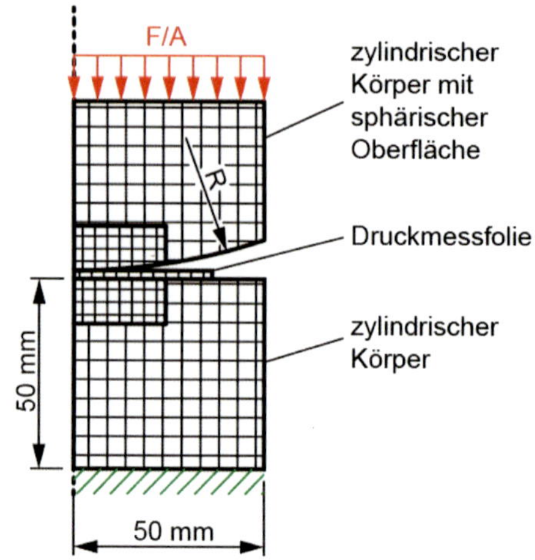

Abb. 5.1: Schematischer Aufbau des Simulationsmodells zur Bestimmung der Materialparameter

Beide zylindrischen Körper enthalten einen Ausschnitt, in dem das Netz deutlich feiner (Kantenlänge 0,15 mm) als im restlichen Körper (Kantenlänge 1,25 mm) ist (siehe Abb. 5.1). Diese Netzverfeinerung dient der Genauigkeit der Berechnungen. Beide mittels quadratischer Elemente mit reduzierter Integration vernetzte Bereiche sind fest über einen entsprechenden Tie-Kontakt[32] verbunden. Die Druckmessfolie ist als einlagige Gasket-Element-Schicht mit einer Dicke von 0,09 mm (nach [59]) und einer Kantenlänge der Elemente von 0,1 mm modelliert [14, S. 73]. Der tangentiale Kontakt zwischen der Druckmessfolie und den Kontaktkörpern ist als Fläche-zu-Fläche-Kontakt mit einem Reibwert von $\mu = 0{,}4$ und einer Penalty-Formulierung definiert. Der Reibwert $\mu = 0{,}4$ zwischen der Druckmessfolie und den Kontaktkörpern entspricht dem von Lekue [60] festgelegten Wert. Für den Normalkontakt ist ein Hard Contact nach Augmented Lagrange vorgegeben. [14, S. 43] Die festgelegten Materialparameter der Kontaktkörper entsprechen den Angaben aus der Arbeit von Dörner [3, S. 51] und Lekue et al. [60] (Tabelle 5.1).

[32] Unter dem Begriff Tie-Kontakt wird der Kontakt zweier Körper verstanden, welcher unabhängig von den Belastungen bestehen bleibt.

Tabelle 5.1: Materialparameter der Kontaktkörper

Körper	Parameter	Basiswert	Quelle
Kontakt-Körper	Elastizitätsmodul E	210.000 MPa	[3, S. 51] [60]
	Querkontraktionszahl ν	0,3	[3, S. 51] [60]
	Dichte ρ	7,76 kg/dm³	-
	Materialtyp	isotrop	-

Die Materialparameter für die Druckmessfolie, welche nicht variiert werden, sind in Tabelle 5.2 aufgelistet.

Tabelle 5.2: Nicht variable Materialparameter der Druckmessfolien

Körper	Parameter	Basiswert		Quelle
Druck-messfolie	Materialtyp	isotrop		-
	Exzentrizität des Strömungs-potenzials ε	0,1		[134]
	Drucker Prager Verfestigung (unter Druck)	Fließspan-nung k_f in MPa	Absolute plastische Dehnung ε	Abbildung 6 von Epee et al. [135]
		24	0	
		34	0,6	

Die variablen Parameter zu Bestimmung der elasto-plastischen Materialmodelle nach Drucker-Prager sind in Tabelle 5.3 aufgelistet. Dabei wird angenommen, dass der Reibungswinkel β dem Erweiterungswinkel ψ entspricht (entsprechend [136, 137]). Das Fließspannungsverhältnis K wird zwischen 0,778 und 1,0 variiert (siehe auch [134]). Zur Bestimmung des Variationsbereichs für den Elastizitätsmodul wird auf veröffentlichte Parameter bzgl. der Eigenschaften des Ausgangsmaterials PET sowie Angaben aus Simulationen zurückgegriffen. Hale und Brown beziffern den Elastizitätsmodul unter Druck auf 94 MPa und die Querkontraktionszahl auf 0,45 [64]. Wu et al. hingegen verwendeten ein Elastizitätsmodul von 100 MPa und eine Querkontraktionszahl von 0,4 für die durchgeführten Simulationen der Druckmessfolien [65]. Liau et al. bestimmten mittels Sensitivitätsanalyse den Elastizitätsmodul und bezifferten ihn auf 150 MPa bei einer auf 0,45 festgelegten Querkontraktionszahl [62]. Im Gegensatz dazu verwendeten Hoffmann und Egger ein Elastizitätsmodul von 3.000 MPa und eine Querkontraktionszahl von ebenfalls 0,4 [61]. Gleiches gilt für die Arbeit von Hoffmann et al. [70]. Untersuchungen von Eriksen et al. ergaben Elastizitätsmodule zwischen 12,9 MPa – 80 MPa je nach Zustand des Materials [138], wohingegen Kim et al. für PET-Fasern ein Elastizitätsmodul von 1.020 MPa benennen [139]. Auf Grund des in der Literatur vorzufindenden großen Variationsbereichs, bezogen auf die Eigenschaften der Druckmessfolien, führt die Betrachtung zu dem von Lekue [14, 60] berücksichtigten Bereich. Dieser variiert der Elastizitätsmodul von 0 MPa – 5.000 MPa und die Querkontraktionszahl von 0 – 0,5 [14, S. 73] [60]. Er beinhaltet die in der Literatur genannten Werte und ermöglicht gleichzeitig die Berücksichtigung von Abweichungen in den Materialeigenschaften. Entsprechend wird für eine Vergleichbarkeit bei der Parameterbestimmung die von Lekue spezifizierten Bereiche übernommen.

Tabelle 5.3: Materialparameter für die Druckmessfolien

Parameter	**Variation von**	**Variation bis**
Reibungswinkel β in °; Erweiterungswinkel ψ in °	0,0	90
Fließspannungsverhältnis K	0,778	1
Elastizitätsmodul E in MPa	0,0	5.000
Querkontraktionszahl ν	0,0	0,5

Die Bestimmung der Materialmodelle für Druckmessfolien (siehe Tabelle 2.3) erfolgte mittels Werkzeugen der statistischen Versuchsplanung (siehe auch Kapitel 2.4). Als Ausgangsbasis zur Identifizierung der verschiedenen Materialmodelle für die drei unterschiedlichen Druckmessfolien dienen die 10 verschiedenen von Lekue [14] untersuchten Kontakt-Situationen Hertz'scher Körper (Tabelle 2.2). Für die Bestimmung der vier unterschiedlichen Parameter – Reibungswinkel und Erweiterungswinkel, Fließspannungsverhältnis, Elastizitätsmodul, Querkontraktionszahl – wird die Verwendung der Multiple-Response-Optimisation (siehe Kapitel 2.4.2) als nicht zielführend erachtet. Dies ergibt sich insbesondere daraus, dass die Optimierung des Zielwerts der Kontaktfläche der Kontaktsituation C1 nicht in jedem Fall zu Ergebnissen bei den anderen Kontaktsituationen C2-C10 führt (und umgekehrt). Bei diesem Vorgehen wäre es zudem möglich, dass ein lokales Optimum für die Kontaktsituation C1 gefunden wird, welches jedoch beispielsweise zu numerischen Instabilitäten oder erheblichen Abweichungen bei den anderen Kontaktsituationen führen kann. Auf Grund der zuvor genannten Punkte wird die Optimal Latin-Hypercube-Methode (siehe Kapitel 2.4.3) verwendet. Durch die gleichzeitige Variation der vier verschiedenen Parameter ist der Zeitaufwand wesentlich geringer [124] als bei einer Variation einzelner Parameter über den gesamten Variationsbereich. Zudem werden die Parameter im Raum gleichmäßig verteilt. Mit dem Werkzeug Isight im FEM-Programm Abaqus werden durch die Verwendung der Optimal Latin-Hypercube-Methode (siehe Kapitel 2.4.3) automatisch 300 Kombinationen (in [140] aufgelistet) der in Tabelle 5.3 angegebenen Materialparameter erzeugt.

5.1.2 Bewertungskriterien für die Auswahl der Materialmodelle

Für die Auswahl eines Materialmodells – das heißt einer Kombination von Parametern – sind zwei Kriterien von Bedeutung. Zum einen ist relevant, ob die Parameterkombination für alle zehn Kontaktkörperkombinationen C1-C10 zu Simulationsergebnissen führt und nicht numerisch instabil wird. Zum anderen wird geprüft, ob die simulativ bestimmte Kontaktfläche möglichst nahe an den experimentell ermittelten Kontaktflächen nach Lekue [14] liegt. Es wird für die Evaluierung die prozentuale Abweichung der simulativ bestimmten Kontaktfläche zur experimentell ermittelten Kontaktfläche (siehe Kapitel 2.1.2) verglichen. Für die Bewertung der prozentualen

Abweichung ist zu berücksichtigen, dass grundsätzlich eine Abweichung zwischen einer Simulation des Hertz'schen Körpers und einer Berechnung nach Hertz besteht. Entsprechende Untersuchungen dazu sind von Dörner [3] durchgeführt worden. Für ein FEM-Modell eines Hertz'schen Körpers mit einer Kantenlänge von 0,9 mm hat Dörner die Kontaktflächengröße von 36,5 mm² bestimmt [3, S. 56f.]. Demnach liegt – basierend auf den Berechnungen von Dörner – bei dem in Kapitel 5.1.1 vorgestellten Simulationsmodell eine Abweichung von ca. 5,49 %[33] zwischen der Simulation und der Berechnung nach Hertz vor. Diese Abweichung ist auf die endliche Genauigkeit des Simulationsmodells zurückzuführen.

Die beiden zuvor genannten Kriterien führen bei den drei verschiedenen Druckmessfolientypen zu einer unterschiedlichen Anzahl möglicher Parameterkombinationen. In den folgenden Kapiteln werden nur Parameterkombinationen näher betrachtet, die sehr geringe Abweichungen und eine erfolgreiche Simulation aller zehn Kontaktkörperkombinationen ermöglichen. Eine Übersicht sämtlicher generierten Parameterkombinationen und der zugehörigen Kontaktflächengrößen ist in [140] aufgelistet. Die Analyse und damit Auswahl geeigneter Parameterkombinationen erfolgt in den Kapiteln 5.1.3 bis 5.1.5.

5.1.3 Parameteranalyse der MS-Druckmessfolie

Die Auswertung der Parameterkombinationen für die MS-Druckmessfolie führte zu drei geeigneten Kombinationen, welche sehr gute Übereinstimmung mit den experimentellen Ergebnissen von Lekue [14] ergeben. In Abb. 5.2 ist der Vergleich zwischen den simulativ und experimentell bestimmten Kontaktflächengrößen dargestellt. In dieser Grafik sind für alle zehn Kontaktsituationen (C1 – C10) die jeweils experimentell von Lekue [14] (siehe auch Tabelle 2.3) bestimmten Kontaktflächengrößen und ihre Standardabweichungen aufgetragen. Zusätzlich sind die simulativ mittels Parameterkombination bestimmten Kontaktflächengrößen markiert. Die Achsenbeschriftung variieren zwischen den zehn Kontaktsituationen bei gleichem Maßstab, sodass Abweichungen zwischen den experimentellen und simulativen Ergebnissen erkennbar werden. In der Abbildung wird deutlich, dass, mit Ausnahme der Kontaktsituationen C3, C7 und C8, alle Parametersätze zu simulativ nahezu identischen Kontaktflächengrößen führen. Zur detaillierteren Bewertung der Parametersätze sind in Tabelle 5.4 die prozentualen Abweichungen zu den experimentellen Ergebnissen aufgelistet.

[33] Aus der Differenz in Höhe von 1,9 mm² folgt eine Abweichung von 5,49 %.

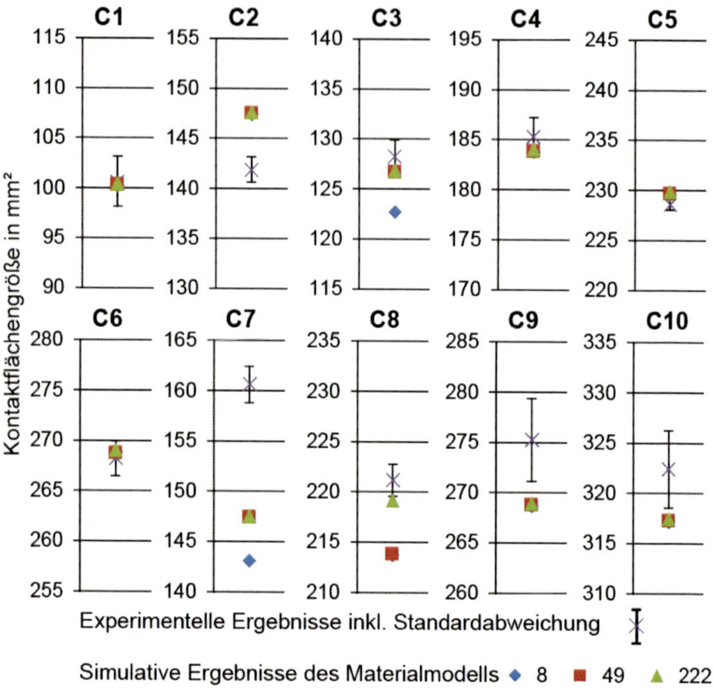

Abb. 5.2: Vergleich der experimentell und simulativ ermittelten Kontaktflächengrößen zur Bestimmung einer geeigneten Parameterkombination für die MS-Druckmessfolie

In Tabelle 5.4 sind die prozentualen Abweichungen im Vergleich der simulativ zu den experimentell ermittelten Ergebnissen dargestellt. Dabei sticht die Abweichung von 12,24 % für die Parameterkombination 8 in der Kontaktsituation C7 heraus. Hingegen weisen die Parameterkombinationen 49 und 222 für die gleiche Kontaktsituation nur Abweichungen von 8,95 % bzw. 8,92 % auf. Diese Abweichungen liegen jedoch alle über den in Kapitel 5.1.2 genannten Wert von 5,49 % für numerische Abweichungen des FE-Modells von Dörner [3]. Für die Wahl der entsprechenden Parameterkombination für die MS-Druckmessfolie wird die durchschnittliche Abweichung der Kontaktsituationen herangezogen. Die geringste durchschnittliche Abweichung weist die Parameterkombination 222 auf, wodurch diese für die Simulation der MS-Druckmessfolie gewählt wird.

Tabelle 5.4: Prozentuale Abweichungen zwischen den simulativ und experimentell ermittelten Ergebnissen

Kontakt-situation	**Prozentuale Abweichung für die Kombinationen:**		
	8	**49**	**222**
C1	0,38 %	0,30 %	0,25 %
C2	3,75 %	3,80 %	3,87 %
C3	4,56 %	1,26 %	1,17 %
C4	0,83 %	0,78 %	0,69 %
C5	0,42 %	0,47 %	0,55 %
C6	0,17 %	0,19 %	0,32 %
C7	12,24 %	8,95 %	8,92 %
C8	3,47 %	3,43 %	0,93 %
C9	2,44 %	2,41 %	2,37 %
C10	1,66 %	1,62 %	1,56 %
Mittelwert	2,99 %	2,32 %	2,06 %

Die gerundeten Materialparameter der Parameterkombination 222 sind Tabelle 5.5 zu entnehmen. Für die nicht gerundeten Materialparameter sowie die Parameter der beiden anderen Kombinationen sei auf Tabelle A.18 verwiesen.

Tabelle 5.5: Gerundete Materialparameter der Parameterkombination Nummer 222 der MS-Druckmessfolie

Parameter	**Wert**
Reibungswinkel β in °; Erweiterungswinkel ψ in °	66,5
Fließspannungsverhältnis K	0,99
Elastizitätsmodul E in MPa	753
Querkontraktionszahl ν	0,34

5.1.4 Parameteranalyse der HS-Druckmessfolie

Die Auswertung der simulierten Kontaktflächengrößen für die HS-Druckmessfolie führt zu neun Parametersätzen mit geringen Abweichungen. Bei Betrachtung der Abb. 5.3 wird deutlich, dass in vier von zehn Kontaktsituationen die simulativen Ergebnisse nahezu identisch sind. In den anderen sechs Kontaktsituationen variieren die simulativ bestimmten Kontaktflächen deutlich. Daher werden die prozentualen Abweichungen für eine detailliertere Bewertung herangezogen.

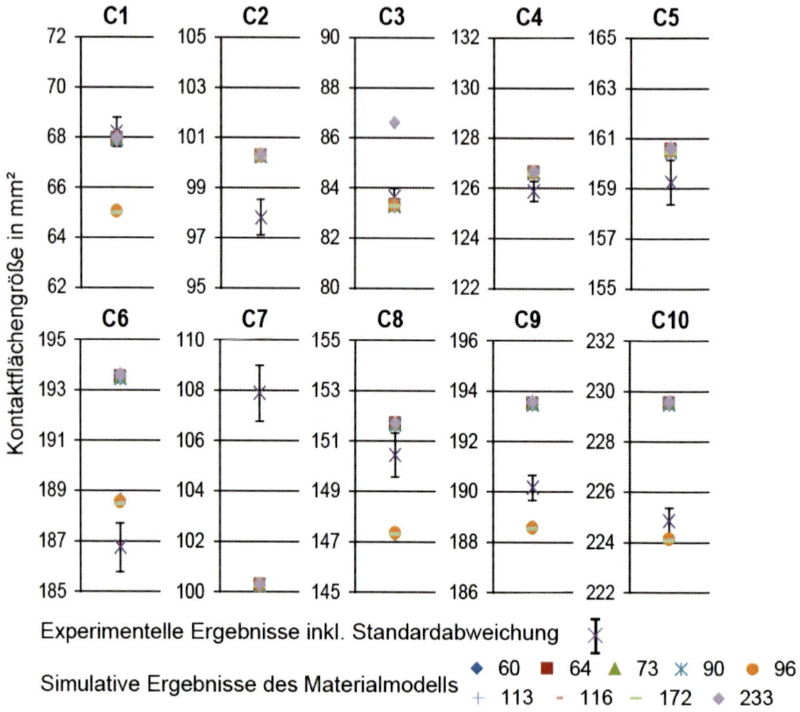

Abb. 5.3: Vergleich der experimentell und simulativ ermittelten Kontaktflächengrößen zur Bestimmung einer geeigneten Parameterkombination für die HS-Druckmessfolie

In Tabelle 5.6 sind die prozentualen Abweichungen zwischen den simulativen und den experimentellen Ergebnissen aufgelistet. Bei Betrachtung der durchschnittlichen Abweichungen wird deutlich, dass diese für die Parameterkombinationen 73, 90 und 113 identisch sind. Da sich die einzelnen prozentualen Abweichungen bei den jeweiligen Kombinationen nicht gravierend unterscheiden, wird zur Auswahl die Summe aller prozentualen Abweichungen gebildet. Diese betragen 20,38 % (Nummer 73), 20,26 % (Nummer 90) und 20,29 % (Nummer 113). Entsprechend werden die Parameter der Kombination 90, welche die geringste aufsummierte Abweichung aufweist gewählt.

Tabelle 5.6: Prozentuale Abweichungen im Vergleich zwischen simulativen und experimentell ermittelten Ergebnissen

Kontakt-situation	**Prozentuale Abweichung für die Kombinationen**				
	60	**64**	**73**	**90**	**96**
C1	4,87 %	0,41 %	0,38 %	0,45 %	4,92 %
C2	2,49 %	2,44 %	2,49 %	2,44 %	2,45 %
C3	0,40 %	0,41 %	0,39 %	0,43 %	0,43 %
C4	0,60 %	0,60 %	0,62 %	0,57 %	0,57 %
C5	0,81 %	0,80 %	0,81 %	0,77 %	0,79 %
C6	0,99 %	3,50 %	3,49 %	3,46 %	0,95 %
C7	7,59 %	7,60 %	7,58 %	7,61 %	7,60 %
C8	2,11 %	0,82 %	0,83 %	0,80 %	2,11 %
C9	0,83 %	1,73 %	1,73 %	1,70 %	0,84 %
C10	0,30 %	2,04 %	2,05 %	2,01 %	0,31 %
Mittelwert	2,10 %	2,04 %	2,03 %	2,03 %	2,10 %

	113	**116**	**172**	**233**
C1	0,43 %	4,92 %	4,96 %	0,35 %
C2	2,43 %	2,42 %	2,37 %	2,49 %
C3	0,42 %	0,43 %	0,45 %	3,44 %
C4	0,59 %	0,57 %	0,55 %	0,63 %
C5	0,79 %	0,77 %	0,74 %	0,85 %
C6	3,47 %	0,94 %	0,92 %	3,55 %
C7	7,60 %	7,61 %	7,62 %	7,55 %
C8	0,83 %	2,12 %	2,13 %	0,85 %
C9	1,72 %	0,85 %	0,87 %	1,77 %
C10	2,02 %	0,32 %	0,34 %	2,07 %
Mittelwert	2,03 %	2,10 %	2,10 %	2,35 %

Die gerundeten Materialparameter für die Kombination 90 sind in Tabelle 5.7 aufgelistet, die ungerundeten Werte sowie die der weiteren Kombinationen sind im Anhang in Tabelle A.19 und Tabelle A.20 aufgeführt.

Tabelle 5.7: Gerundete Materialparameter der Parameterkombination Nummer 90 der HS-Druckmessfolie

Parameter	**Wert**
Reibungswinkel β in °; Erweiterungswinkel ψ in °	26,8
Fließspannungsverhältnis K	0,93
Elastizitätsmodul E in MPa	4.147
Querkontraktionszahl ν	0,22

5.1.5 Parameteranalyse der HHS-Druckmessfolie

Im Rahmen der Auswertung der Parameterkombinationen für die HHS-Druckmessfolie werden zwei Kombinationen näher betrachtet. Die simulativ bestimmten Kontaktflächengrößen der beiden Kombinationen sind neben den experimentellen Ergebnissen von Lekue in Abb. 5.4 dargestellt. Bei Betrachtung der Abbildung wird deutlich, dass die Kontaktflächengrößen beider Parameterkombinationen nahezu identisch sind. Entsprechend werden zur detaillierteren Bewertung die prozentualen Abweichungen zu den experimentellen Ergebnissen herangezogen.

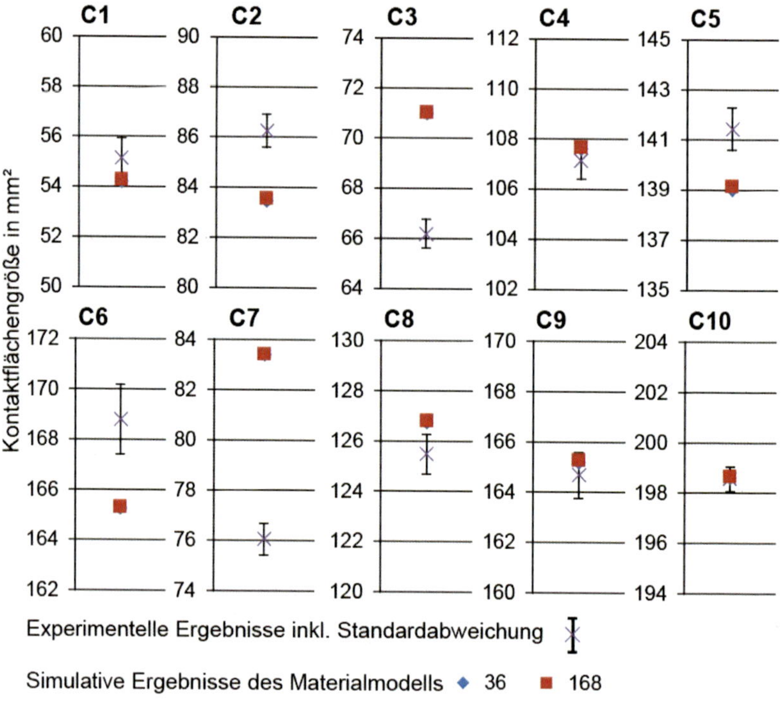

Abb. 5.4: Vergleich der experimentell und simulativ ermittelten Kontaktflächengrößen zur Bestimmung einer geeigneten Parameterkombination für die HHS-Druckmessfolie

In Tabelle 5.8 sind die prozentualen Abweichungen zwischen den simulativ und den experimentell ermittelten Kontaktflächengrößen aufgelistet. Bei Betrachtung der prozentualen Abweichungen wird deutlich, dass diese sich nur geringfügig zwischen den unterschiedlichen Parameterkombinationen unterscheiden. Entsprechend wird die durchschnittliche prozentuale Abweichung als Kriterium für die Auswahl der geeigneten Parameterkombination herangezogen. Die durchschnittliche Abweichung liegt für die Kombination 36 bei 2,63 % und für die Kombination 168 bei 2,62 %. Somit wird die Parameterkombination 168 für die HHS-Druckmessfolie gewählt.

Tabelle 5.8: Prozentuale Abweichungen zwischen den simulativ und experimentell ermittelten Ergebnissen

Kontakt-situation	Prozentuale Abweichung für die Kombinationen:	
	36	168
C1	1,74 %	1,63 %
C2	3,34 %	3,24 %
C3	6,74 %	6,79 %
C4	0,42 %	0,48 %
C5	1,76 %	1,65 %
C6	2,13 %	2,11 %
C7	8,80 %	8,83 %
C8	1,00 %	1,04 %
C9	0,32 %	0,36 %
C10	0,03 %	0,05 %
Mittelwert	2,63 %	2,62 %

Tabelle 5.9 fasst die gerundeten Materialparameter für die Parameterkombination Nummer 168 zusammen. Die ungerundeten Parameter sowie die Parameter der Kombination Nummer 36 sind im Anhang in Tabelle A.21 aufgelistet.

Tabelle 5.9: Gerundete Materialparameter der Parameterkombination Nummer 168 der HHS-Druckmessfolie

Parameter	Wert
Reibungswinkel β in °; Erweiterungswinkel ψ in °	50,3
Fließspannungsverhältnis K	0,95
Elastizitätsmodul E in MPa	2.241
Querkontraktionszahl ν	0,46

5.1.6 Bewertung der Parametersätze für die Druckmessfolientypen

Die Bewertung der Parametersätze für die drei Druckmessfolientypen MS, HS und HHS, welche in den Kapiteln 5.1.3 bis 5.1.5 ausgewählt worden, erfolgt auf Basis der in Kapitel 5.1.2 genannten Kriterien. Darüber hinaus erfolgt für das in Kapitel 5.1.4 identifizierte Materialmodell für die HS-Druckmessfolie ein Vergleich mit dem von Lekue [14, 60] vorgestellten Materialmodell. Für den Vergleich der Simulationsergebnisse mit den experimentellen Ergebnissen der von Lekue durchgeführten Versuche mit Hertz'schen Körpern (siehe Tabelle 2.3 und [14]) und dem von Lekue [14, 60] vorgestellten Materialmodell erfolgt in Tabelle 5.10 eine Gegenüberstellung der Kontaktflächengrößen. Die experimentell ermittelten Kontaktflächen von Lekue [14] sind nachfolgend als „Ex.", die simulativ bestimmten Kontaktflächen der vorliegenden Arbeit sind nachfolgend als „Strat." und die simulativ mit dem Materialmodell von Lekue [14, 60] bestimmten Kontaktflächen sind nachfolgend als „Lek." bezeichnet.

Tabelle 5.10: Übersicht der simulativ bzw. experimentell bestimmten Kontaktflächengrößen sowie der prozentualen Abweichung in Bezug auf die experimentell bestimmte Kontaktflächengröße

Kontakt-situation	**Ex./ Strat./ Lek.**	**Kontaktfläche in mm² und prozentuale Abweichung**		
		MS-Druckmessfolie	**HS-Druckmessfolie**	**HHS-Druckmessfolie**
C1	**Ex.**	100,64	68,22	55,15
	Strat.	100,39 (-0,25 %)	67,91 (-0,45 %)	54,27 (-1,63 %)
	Lek.	-	65,04 (-4,66 %)	-
C2	**Ex.**	141,87	97,82	86,26
	Strat.	147,58 (+3,87 %)	100,27 (+2,44 %)	83,55 (-3,24 %)
	Lek.	-	100,31 (+2,55 %)	-
C3	**Ex.**	128,28	83,65	66,19
	Strat.	126,79 (-1,17 %)	83,29 (-0,43 %)	71,02 (+6,79 %)
	Lek.	-	96,74 (+15,65 %)	-
C4	**Ex.**	185,30	125,88	107,15
	Strat.	184,03 (-0,69 %)	126,60 (+0,57 %)	107,67 (+0,48 %)
	Lek.	-	126,64 (+0,60 %)	-
C5	**Ex.**	228,59	159,26	141,45
	Strat.	229,85 (+0,55 %)	160,49 (+0,77 %)	139,15 (-1,65 %)
	Lek.	-	160,50 (+0,78 %)	-
C6	**Ex.**	268,22	186,75	168,79
	Strat.	269,07 (+0,32 %)	193,44 (+3,46 %)	165,31 (-2,11 %)
	Lek.	-	193,48 (+3,60 %)	-
C7	**Ex.**	160,61	107,88	76,05
	Strat.	147,45 (-8,92 %)	100,25 (-7,61 %)	83,42 (+8,83 %)
	Lek.	-	100,26 (-7,06 %)	-
C8	**Ex.**	221,14	150,44	125,48
	Strat.	219,11 (-0,93 %)	151,66 (+0,80 %)	126,80 (+1,04 %)
	Lek.	-	151,70 (+0,84 %)	-
C9	**Ex.**	275,23	190,16	164,67
	Strat.	268,87 (-2,37 %)	193,45 (+1,70 %)	165,27 (+0,36 %)
	Lek.	-	193,49 (+1,75 %)	-
C10	**Ex.**	322,38	224,85	198,56
	Strat.	317,44 (-1,56 %)	229,47 (+2,01 %)	198,66 (+0,05 %)
	Lek.	-	229,48 (+2,06 %)	-

Für die Bewertung der in den Kapiteln 5.1.3 bis 5.1.5 bestimmten Parametersätze werden die prozentualen Abweichungen der Kontaktflächengrößen im Vergleich zu den von Lekue [14] experimentell bestimmten Kontaktflächengrößen herangezogen. Zur Bewertung der experimentell bestimmten Kontaktflächengröße wird deren Mittelwert als Grundlage genommen. Der im Rahmen dieser Arbeit bestimmte Parametersatz für die HS-Druckmessfolie wird zusätzlich mit dem von Lekue [14, 60] bestimmten Parametersatz verglichen, um das hier erarbeitete Materialmodell bzgl. seiner Genauigkeit im Vergleich zum Modell von Lekue zu bewerten.

Die vorgestellten Druckmessfolienmodelle (Kapitel 5.1.3 bis 5.1.5) weisen im Fall der MS-Druckmessfolie eine maximale Abweichung von 8,92 % in der Kontaktsituation C7 auf. Bei dieser Kontaktsituation liegen auch bei den Materialmodellen für die HS- und die HHS-Druckmessfolie die höchsten prozentualen Abweichungen vor. Mehrheitlich liegen die prozentualen Abweichungen der im Rahmen dieser Arbeit erarbeiteten elasto-plastischen Materialmodelle unter dem in Kapitel 5.1.2 angegebenen Wert für die von Dörner [3] identifizierten numerischen Abweichungen von 5,49 %. Einzig die Kontaktsituation C7 bei allen drei Druckmessfolien und die Kontaktsituation C3 bei der HHS-Druckmessfolie weisen höhere prozentuale Abweichungen auf. Ein Vergleich zwischen dem in dieser Arbeit entwickelten Materialmodell für die HS-Druckmessfolie mit dem von Lekue [14, 60] entwickelten Materialmodell zeigt deutlich, dass sich die prozentualen Abweichungen mehrheitlich nur marginal unterscheiden. In der Kontaktsituation C3 hingegen weist das Ergebnis von Lekue eine Abweichung um 15,65 % auf, im Gegensatz zu 0,43 % bei dem hier entwickelten Materialmodell. Die Kontaktsituation C1 weist geringere Unterschiede als die Situation C3 auf, jedoch liegen diese Abweichungen bei 0,45 % für das hier entwickelte Materialmodell im Gegensatz zu dem von Lekue entwickelten Materialmodell mit einer Abweichung in Höhe von 4,66 %. Zusammengefasst liegen die Abweichungen bei dem HS-Druckmessfolienmodell, welches im Rahmen dieser Arbeit entwickelt wurde, deutlich unter den Abweichungen des von Lekue [14, 60] entwickelten Materialmodells.

5.2 Bestimmung von Abstands-Druck-Kurven

Die simulative Nachbildung des rauen Rad-Schiene-Kontaktes bedarf neben der Modellierung der vorliegenden Geometrie von Rad und Schiene der Berücksichtigung der Oberflächenrauheit. Letztere erfolgt durch die Implementierung eines Abstands-Druck-Gesetzes innerhalb des Kontaktes zwischen Druckmessfolie und Rad (siehe auch Kapitel 2.1). Zur Bestimmung der jeweiligen Abstands-Druck-Kurven werden Mikro-Modelle der Oberflächenrauheit verwendet, sodass anschließend die entsprechenden Kurven in das Makro-Modell implementiert werden können. Bei den Mikro-Modellen handelt es sich um Ausschnitte der digitalisierten Oberflächengeometrie des Rades, wohingegen das Makro-Modell den allgemeinen Rad-Druckmessfolie-Schiene-Kontakt abbildet. Das gewählte Vorgehen beim Aufbau der Mikro-Modelle wird nachfolgend beschrieben, das in dieser Arbeit verwendete Makro-Modell und dessen Aufbau in Kapitel 5.4.1.

Mikro-Modelle zur Identifikation der Abstands-Druck-Kurven

Zur Erzeugung entsprechender Abstands-Druck-Kurven für die Radoberfläche wurde mittels konfokaler Lasermikroskopie ein Scan der Rad-Oberfläche angefertigt. Dazu wird zuerst ein Abdruck unter Zuhilfenahme von Abformmasse (RepliSet-F5 von der Firma Struers) von der Kontaktstelle genommen, welcher anschließend anhand konfokaler Lasermikroskopie digitalisiert wird. Die Auflösung der Oberflächenrauheit durch die Abformmasse beträgt 0,1 µm, sodass eine sehr detaillierte Aufnahme eines Ausschnittes des Kontaktbereichs vorliegt. Der Ausschnitt des Rades ist 8,281 mm × 0,539 mm groß. Aus dem Ausschnitt werden zehn beliebige Bereiche (in der Größe von 0,539 mm × 0,539 mm) gewählt, welche für die Ermittlung der Abstands-Druck-Kurven genutzt werden.

Aufbau des FEM-Modells

Die zehn Mikro-Modelle bestehen jeweils aus einer 0,539 mm × 0,539 mm großen Fläche. Der glatte Körper hat eine Dicke von 0,2 mm, während der raue Körper eine variable Dicke von im Schnitt 0,0465 mm hat, welche in Abhängigkeit der Oberflächenrauheit gewählt wird. Der raue Volumenkörper wird mittels linearer Tetraeder[34] und der jeweils glatte Kontaktpartner mittels linearer Hexaeder[35] vernetzt (siehe auch Kapitel 2.3.1). Des Weiteren erhält der raue Körper die Materialeigenschaften von Stahl (Tabelle 5.1) und der glatte Körper die der jeweiligen Druckmessfolie (Tabelle 5.5, Tabelle 5.7 und Tabelle 5.9) zugewiesen. Die Oberflächenrauheit der Druckmessfolie wird nicht berücksichtigt, da die glatte Seite der Druckmessfolie ($R_a = 0{,}071\ \mu\text{m}$) eine deutlich geringere Oberflächenrauheit als die des Rades ($R_a = 2{,}000\ \mu\text{m}$) aufweist. In der Simulation ist die Unterseite des rauen Körpers vollständig fixiert, wohingegen die Oberseite des glatten Körpers um insgesamt $\Delta h = 0{,}04\ \text{mm}$ verschoben wird. Für die Bestimmung der Abstands-Druck-Kurve der Kontaktsituationen von Lekue [14, S. 63] verschob dieser die Oberseite des glatten Körpers um insgesamt $\Delta h = 0{,}015\ \text{mm}$ bei einer Oberflächenrauheit von $R_a \approx 1{,}5\ \mu\text{m}$. Im Zusammenhang mit der raueren Oberfläche von $R_a = 2{,}0\ \mu\text{m}$ für das Rad ist dieser Wert zur Bestimmung der Abstands-Druck-Kurve nicht ausreichend, wodurch er auf $\Delta h = 0{,}04\ \text{mm}$ erhöht wurde. Die vertikalen Außenseiten beider Körper sind gegen ein horizontales Verschieben gesichert. Der grundsätzliche Aufbau des Mikro-Modells ist in Abb. 5.5 dargestellt.

Der Reibwert für den tangentialen Kontakt zwischen beiden Flächen ist auf $\mu = 0{,}4$ festgesetzt (siehe auch Kapitel 5.1.1). Im Bereich des Normalkontaktes liegt ein „Hard Contact“ mit entsprechender „Augmented Lagrange“-Bedingung vor. Dieser Aufbau entspricht dem von Lekue [14, S. 62] [58].

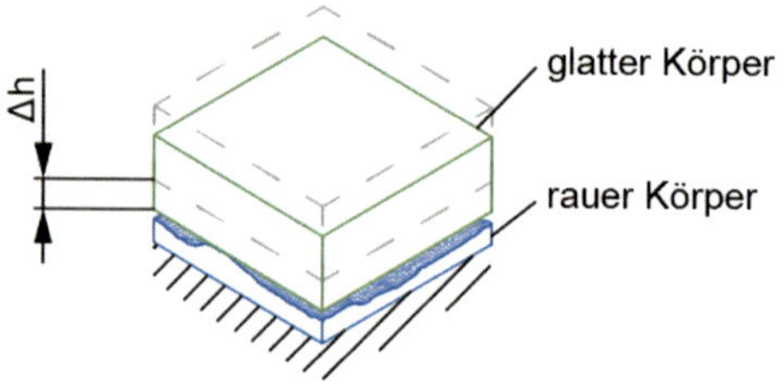

[34] Eine Vernetzung mittels quadratischer Tetraeder führt zur gleichen Abstands-Druck-Kurve, jedoch steigt bei einer quadratischen Vernetzung die Simulationsdauer erheblich.
[35] Dies entspricht dem Vorgehen von Lekue [14].

Abb. 5.5: Grundsätzlicher Aufbau des Mikro-Modells

Abstands-Druck-Kurven

Die Erzeugung der Abstands-Druck-Kurven für die Oberfläche des Rades ist ein mehrstufiger Prozess. Die einzelnen Prozessschritte zur Bestimmung einer Abstands-Druck-Kurve sind in Abb. 5.6 grafisch dargestellt und im Folgenden aufgelistet sowie in den Studien [33, 58] beschrieben.

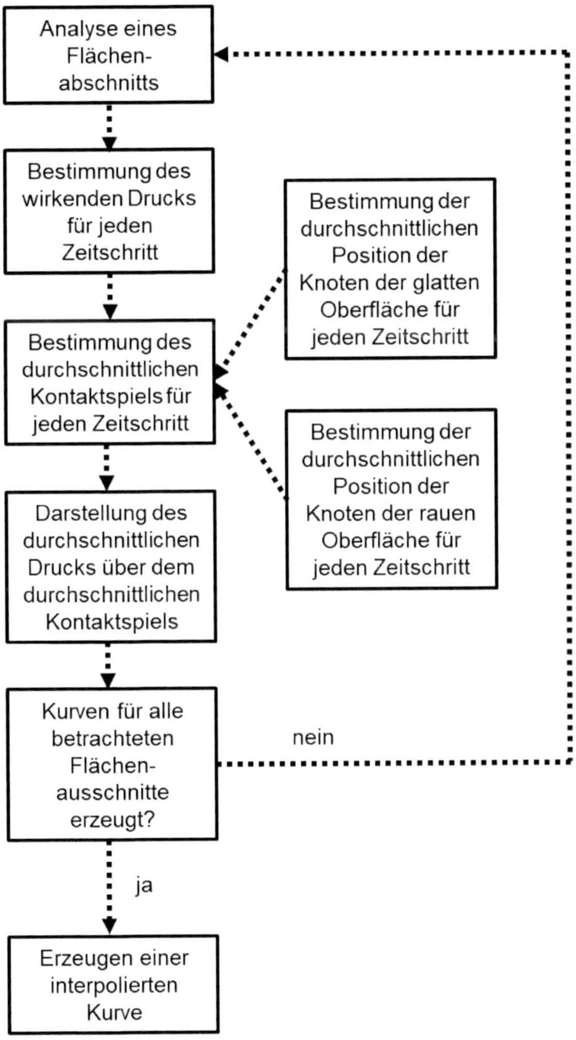

Abb. 5.6: Ablaufplan zur Berechnung von Abstands-Druck-Kurven

Voraussetzung für die Bestimmung der für die Berechnung notwendigen Parameter ist ein entsprechendes Simulationsmodell. Dieses Modell ist im vorherigen Abschnitt beschrieben worden, sodass hier ausschließlich die notwendigen Rechenschritte vorgestellt werden. Basierend auf den grundsätzlichen Ablaufplan zur Berechnung der Abstands-Druck-Kurven (dargestellt in Abb. 5.6) sind im Folgenden die einzelnen Rechenschritte detailliert beschrieben.

1. Für jeden Zeitschritt i erfolgt einzeln die Addition der Reaktionskräfte F_i der Elemente, die auf der glatten Seite des rauen Körpers auftreten. Die Summe der Reaktionskräfte F_i wird durch die Flächengröße A dividiert. Dadurch wird der in dem jeweiligen Zeitschritt wirkende Druck p_i bestimmt.

$$p_i = \left(\sum_{1}^{n} F_i\right) / A \tag{5-1}$$

2. Bestimmung des durchschnittlichen Kontaktspiels Δh_i zwischen der durchschnittlichen Position der Knoten der Unterseite der glatten Oberfläche $\emptyset h_{s,i}$ und der durchschnittlichen Position der Knoten mit rauer Oberfläche $\emptyset h_{r,i}$ für jeden Zeitschritt:

$$\Delta h_i = \emptyset h_{s,i} - \emptyset h_{r,i} \tag{5-2}$$

   a. Bestimmung der durchschnittlichen Position der Knoten der ursprünglich glatten Oberfläche in der Kontaktzone für jeden Zeitschritt: Dafür wird die Summe aller Knoten der glatten Unterseite der Oberfläche zum Zeitschritt i durch die Anzahl der Knoten der glatten Unterseite der Oberfläche n_s geteilt. Durch das iterative Verschieben der glatten Oberfläche erfolgt eine Deformation der Unterseite des glatten Körpers, wodurch sich die durchschnittliche Position der Knoten der Oberfläche zusätzlich zur Verschiebung verändert.

$$\emptyset h_{s,i} = \left(\sum_{1}^{n} h_{s,i}\right) \Big/ n_s \tag{5-3}$$

   b. Bestimmung der durchschnittlichen Position der rauen Oberflächenknoten in der Kontaktzone für jeden Zeitschritt: Dafür wird die Summe aller Knoten der rauen Oberfläche zum Zeitschritt i durch die Anzahl der Knoten der rauen Oberfläche n_r geteilt.

$$\emptyset h_{r,i} = \left(\sum_{1}^{n} h_{r,i}\right) \Big/ n_r \tag{5-4}$$

3. Erzeugung einer Kurve, welche den durchschnittlichen Druck über dem entsprechenden durchschnittlichen Kontaktspiel darstellt.

4. Wiederholung der zuvor beschriebenen Schritte 1 bis 3 für die FE-Modelle aller betrachteten Flächenausschnitte.

5. Erzeugen einer interpolierten Kurve aus den zuvor erarbeiteten Kurven.

Für die Simulation des rauen Rad-Schiene-Kontaktes ist pro Druckmessfolientyp eine Abstands-Druck-Kurve zu bestimmen. Diese müssen für die Implementierung in das FE-Simulationsprogramm Abaqus invertiert[36] werden, sodass sogenannte Druck-Überschneidungskurven entstehen.

Die für die Simulationen der drei verschiedenen Druckmessfolientypen notwendige Kurven sollen nach dem in diesem Kapitel vorgestellten Vorgehen erzeugt werden.

Im Rahmen der Durchführung der Simulationen zur Erzeugung der Abstands-Druck-Kurven traten gravierende numerische Instabilitäten auf. Diese verhinderten das Erzeugen der für die Simulation des rauen Rad-Schiene-Kontaktes notwendigen Abstands-Druck-Kurven. Da ohne diese eine Bestimmung der Kontaktflächen mit eingelegter Zwischenlage unter Berücksichtigung der Oberflächenrauheit nicht möglich ist, musste auf dieses verzichtet werden. Die in den Kapiteln 5.1.3 bis 5.1.5 bestimmten Materialparameter für elasto-plastische Materialmodelle der Druckmessfolien ermöglichen somit ausschließlich die Kontaktbestimmung eines glatten bzw. nahezu glatten Kontaktes (siehe [33]), jedoch nicht die Bestimmung der Kontaktflächen mit den entsprechen hohen vorliegenden Oberflächenrauheiten. Infolge dieser Erkenntnis und dem Ziel der simulativen Kontaktflächenbestimmung im rauen Rad-Schiene-Kontakt wurde eine erneute Parameterbestimmung für alle drei Druckmessfolientypen durchgeführt (Kapitel 5.3). Die Schwierigkeit der numerischen Instabilität bei den vorliegenden elasto-plastischen Materialmodellen führt zu dem Ziel, linear-elastische Materialmodelle für die Druckmessfolien zu bestimmen. Die Bestimmung der drei linear-elastischen Materialmodelle für die Druckmessfolientypen MS, HS und HHS ist im folgenden Kapitel beschrieben.

5.3 Bestimmung der linear-elastischen Materialparameter am glatten Hertz'schen Kontakt

Wie bereits bei der Bestimmung der elasto-plastischen Materialparameter für die Drucker-Prager Materialmodelle (siehe Kapitel 5.1) wird auf das gleiche rotationssymmetrische Modell (Abb. 5.1) zurückgegriffen. Die variablen Materialparameter sowie der Variationsbereich für die Bestimmung der Materialmodelle der Druckmessfolien sind in Tabelle 5.11 angegeben. Die Variationsbereiche des Elastizitätsmoduls und der Querkontraktionszahl sind identisch zur Materialbestimmung für das elasto-plastische Materialmodell in Kapitel 5.1 (siehe Tabelle 5.3).

Tabelle 5.11: Materialparameter für die Druckmessfolien

Parameter	Variation von	Variation bis	Angelehnt an
Elastizitätsmodul E in MPa	0,0	5.000	[14, S. 73] [60]
Querkontraktionszahl ν	0,0	0,5	[14, S. 73] [60]

[36] Die Implementierung einer Abstands-Druck-Kurve ist in Abaqus nur als Druck-Überschneidungskurve (engl. pressure-overclosure curve) möglich, sodass die Kurve entsprechend invertiert wird.

Reibkoeffizient μ	0,0	0,5	-

Die Bestimmung der Materialmodelle für Druckmessfolien erfolgt – wie zuvor – mittels Werkzeugen der statistischen Versuchsplanung. Dabei wird die Ausgangsbasis zur Identifizierung der linear-elastischen Materialmodelle beibehalten (siehe auch Kapitel 5.1 sowie Tabelle 2.2). Mit dem Werkzeug Isight im FEM-Programm Abaqus werden durch die Verwendung der Optimal Latin-Hypercube-Methode (siehe Kapitel 2.4.3) automatisch 500 Kombinationen (grafisch in Abb. 5.7 dargestellt und in [141] aufgelistet) der in Tabelle 5.11 angegebenen Materialparameter erzeugt. Es werden alle drei Parameter variiert und gleichmäßig im Raum verteilt. In Abb. 5.7 dargestellt sind die Positionen der Kombinationen im Raum. Zu sehen ist der Kraftschlussbeiwert, aufgetragen über dem Elastizitätsmodul und der Querkontraktionszahl. Zur Verdeutlichung der Variation des Kraftschlussbeiwerts ist dieser farblich in Abhängigkeit seiner Größe gekennzeichnet (siehe Farbverlauf der Legende in Abb. 5.7).

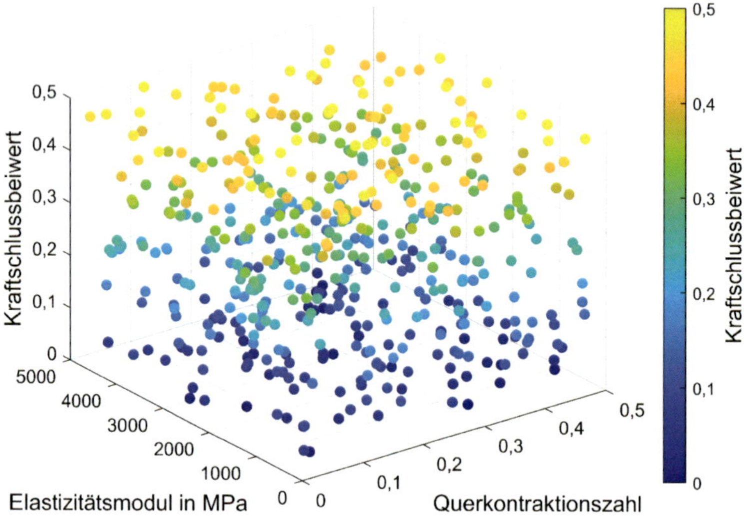

Abb. 5.7: Übersicht der mittels Optimal Latin-Hypercube-Methode erzeugten 500 Parameterkombinationen (siehe auch [141]) in einem dreidimensionalen Punktwolkendiagramm

Die Bewertung und damit die Auswahl der Materialmodelle basiert auf den in Kapitel 5.1.2 vorgestellten Kriterien. Diese führen zu einer unterschiedlichen Anzahl möglicher Parameterkombinationen. Die in den folgenden Kapiteln vorgestellten Parameterkombinationen weisen sehr geringe Abweichungen zu den experimentellen Ergebnissen von Lekue auf. Eine Übersicht sämtlicher generierten Parameterkombinationen und der zugehörigen Kontaktflächengrößen ist in [141] aufgelistet. Die Analyse und damit Auswahl geeigneter Parameterkombinationen erfolgt in den Kapiteln 5.3.1 bis 5.3.3.

5.3.1 Parameteranalyse der MS-Druckmessfolie

Die Auswertung der Parameterkombinationen für die MS-Druckmessfolie führte zu einer Kombination, welche eine sehr gute Übereinstimmung mit einer Abweichung von maximal 5,55 % zu den experimentell bestimmten Kontaktflächen aufweist. Der Vergleich der simulativ und experimentell bestimmten Kontaktflächengrößen ist in Abb. 5.8 dargestellt. In der Grafik sind für alle zehn Kontaktsituationen (C1 – C10) die jeweils experimentell von Lekue [14] (siehe auch Tabelle 2.3) bestimmten Kontaktflächengrößen und ihre Standardabweichungen aufgetragen. Zusätzlich sind die simulativ mittels Parameterkombination bestimmten Kontaktflächengrößen markiert.

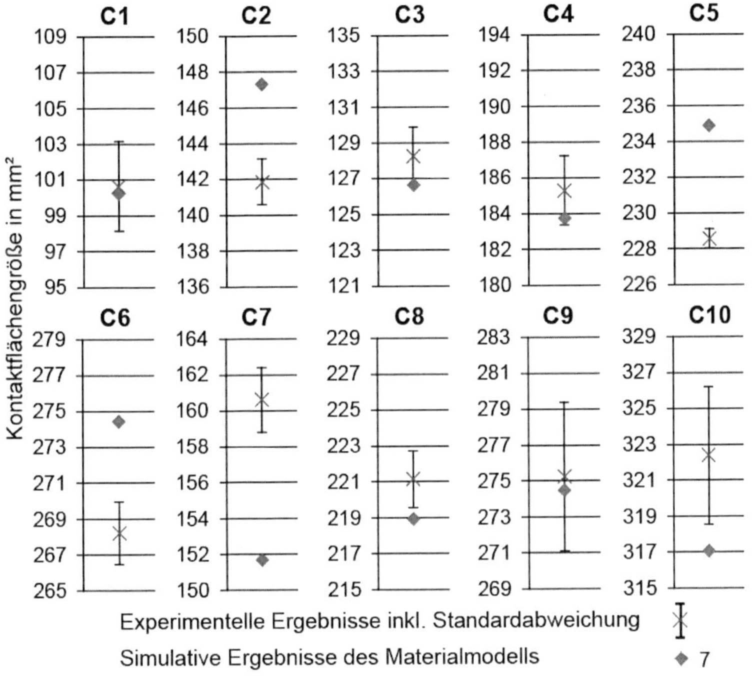

Abb. 5.8: Vergleich der experimentell und simulativ ermittelten Kontaktflächengrößen für die valide Parameterkombination Nummer 7 der MS-Druckmessfolie

Die prozentualen Abweichungen zwischen den simulativ und experimentell bestimmten Kontaktflächengrößen sind in Tabelle 5.12 aufgelistet.

Tabelle 5.12: Prozentuale Abweichungen zwischen den simulativen Ergebnissen und den experimentellen Ergebnissen

Kontaktsituation	Prozentuale Abweichung
C1	0,41 %
C2	3,83 %
C3	1,29 %
C4	0,84 %
C5	2,76 %
C6	2,31 %
C7	5,55 %
C8	1,00 %
C9	0,28 %
C10	1,64 %

Die prozentualen Abweichungen liegen im unteren einstelligen Prozentbereich und können somit als gering angesehen werden. Mit Ausnahme der Kontaktsituation C7 liegen die Abweichungen unter dem in Kapitel 5.1.2 angegebenen Wert für die von Dörner [3] identifizierten numerischen Abweichungen von 5,49 %. Die entsprechenden gerundeten Materialparameter sind in Tabelle 5.13 und die ungerundeten Materialparameter in Tabelle A.22 eingetragen.

Tabelle 5.13: Gerundete Materialparameter der Parameterkombination Nummer 7 der MS-Druckmessfolie

Parameter	Wert
Elastizitätsmodul E in MPa	1.142
Querkontraktionszahl ν	0,01
Reibkoeffizient μ	0,26

5.3.2 Parameteranalyse der HS-Druckmessfolie

Die Analyse der Parameterkombinationen für die HS-Druckmessfolie führt zu neun Parameterkombinationen, die alle zu etwa ähnlich genauen Ergebnissen mit geringer Abweichung führen. Eine Übersicht der simulativ und experimentell bestimmten Kontaktflächengrößen ist in Abb. 5.9 dargestellt.

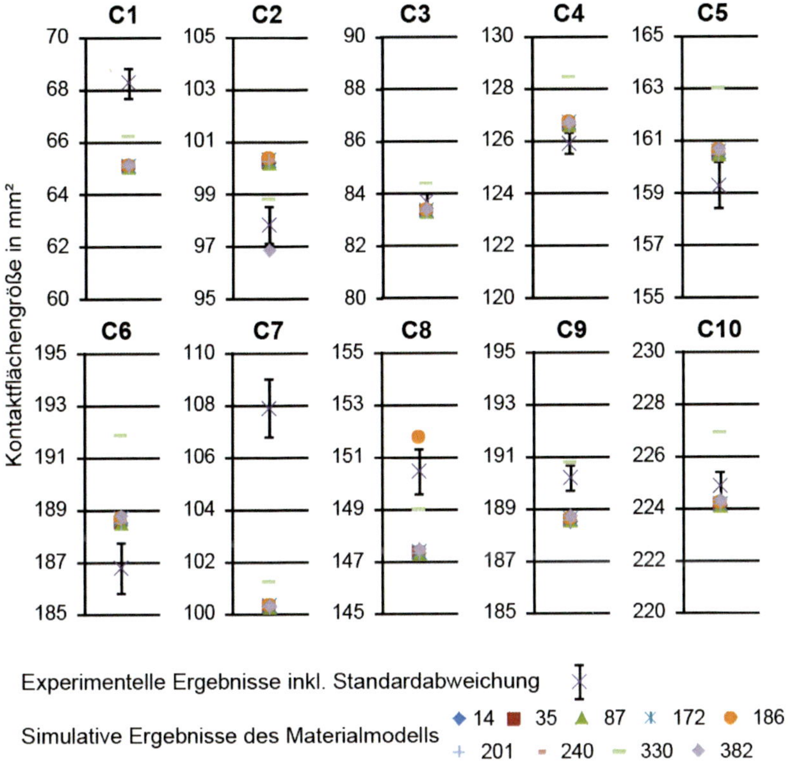

Abb. 5.9: Vergleich der experimentell und simulativ ermittelten Kontaktflächengrößen zur Bestimmung einer geeigneten Parameterkombination für die HS-Druckmessfolie

Werden die prozentualen Abweichungen der simulativen zu den experimentellen Ergebnissen in Tabelle 5.14 betrachtet, so wird deutlich, dass die Parameterkombination Nummer 382 die geringsten Abweichungen (im Mittel 1,845 %) aufweist. Die Abweichungen zwischen den aufgelisteten Parameterkombinationen liegen zwischen im Mittel 1,845 % und 2,024 % und sind damit sehr gering. Mehrheitlich befinden sich die prozentualen Abweichungen auch unter dem in Kapitel 5.1.2 genannten Wert von 5,49 % für numerische Abweichungen des FE-Modells von Dörner [3].

Tabelle 5.14: Prozentuale Abweichungen im Vergleich zwischen simulativen und experimentell ermittelten Ergebnissen

Kontakt-situation	Prozentuale Abweichung für die Kombinationen				
	14	**35**	**87**	**172**	**186**
C1	4,75 %	4,75 %	4,74 %	4,64 %	4,62 %
C2	2,41 %	2,41 %	2,41 %	2,52 %	2,56 %
C3	0,46 %	0,46 %	0,45 %	0,38 %	0,36 %
C4	0,54 %	0,54 %	0,55 %	0,62 %	0,64 %
C5	0,73 %	0,73 %	0,74 %	0,82 %	0,84 %
C6	0,92 %	0,92 %	0,92 %	1,01 %	1,03 %
C7	7,09 %	7,09 %	7,09 %	7,04 %	7,02 %
C8	2,09 %	2,09 %	2,09 %	2,04 %	0,87 %
C9	0,86 %	0,86 %	0,86 %	0,82 %	0,81 %
C10	0,34 %	0,34 %	0,34 %	0,31 %	0,29 %
Mittelwert	2,019 %	2,019 %	2,019 %	2,020 %	1,904 %

	201	**240**	**330**	**382**
C1	4,71 %	4,66 %	2,95 %	4,57 %
C2	2,44 %	2,51 %	0,99 %	0,99 %
C3	0,43 %	0,39 %	0,83 %	0,31 %
C4	0,56 %	0,60 %	2,01 %	0,65 %
C5	0,75 %	0,81 %	2,33 %	0,86 %
C6	0,94 %	0,98 %	2,74 %	1,08 %
C7	7,07 %	7,05 %	6,15 %	7,00 %
C8	2,07 %	2,06 %	0,99 %	1,98 %
C9	0,85 %	0,84 %	0,33 %	0,76 %
C10	0,33 %	0,32 %	0,92 %	0,25 %
Mittelwert	2,015 %	2,022 %	2,024 %	1,845 %

Die gerundeten Materialparameter des Parametersatzes 382 sind in Tabelle 5.15 und die Materialparameter der anderen neun Kombinationen sowie die ungerundeten Materialparameter sind im Anhang in Tabelle A.24 und Tabelle A.25 angegeben.

Tabelle 5.15: Materialparameter der Parameterkombination Nummer 382 der HS-Druckmessfolie

Parameter	**Wert**
Elastizitätsmodul E in MPa	2.284
Querkontraktionszahl ν	0,38
Reibkoeffizient μ	0,36

5.3.3 Parameteranalyse der HHS-Druckmessfolie

Die Analyse der Parameterkombinationen für die HHS-Druckmessfolie führt zu drei Kombinationen, welche zufriedenstellende Übereinstimmungen der Kontaktflächengrößen aufweisen. Für diese sind die simulativ und experimentell bestimmten Kontaktflächengrößen in Abb. 5.10 dargestellt. Bei einer Betrachtung der Grafik wird deutlich, dass die simulativ bestimmten Kontaktflächengrößen sich häufig (ausgenommen Situation C4) nur geringfügig unterscheiden. Aus diesem Grund wird für die Auswahl der Parameterkombination für das Materialmodell auf die prozentualen Abweichungen zurückgegriffen.

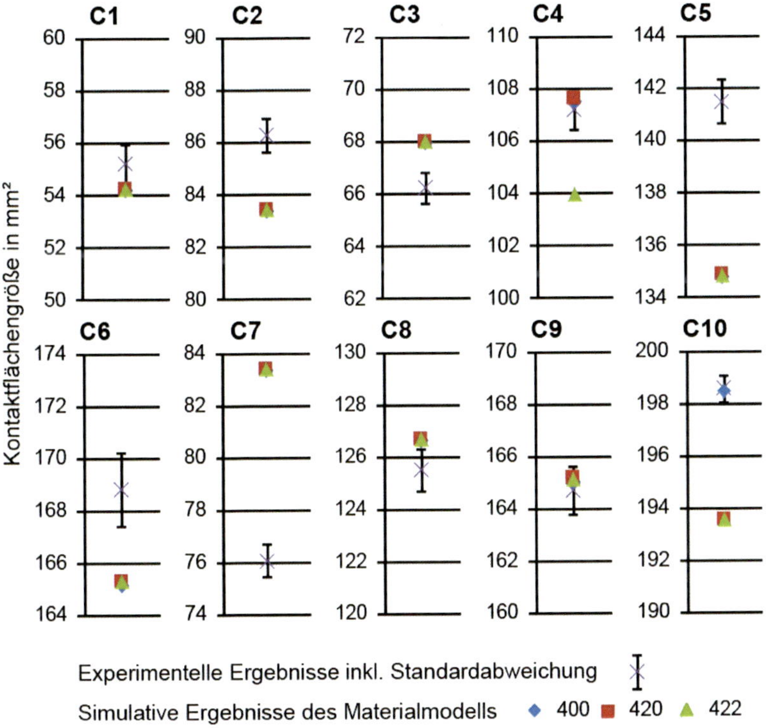

Abb. 5.10: Vergleich der experimentell und simulativ ermittelten Kontaktflächengrößen zur Bestimmung einer geeigneten Parameterkombination für die HHS-Druckmessfolie

Ein Vergleich der prozentualen Abweichungen zwischen den simulativ und experimentell erzeugten Kontaktflächen ist in Tabelle 5.16 aufgelistet. Die Parameterkombination 400 weist im Mittel mit 2,596 % die geringsten prozentualen Abweichungen auf. Einzig die Kontaktsituation C7 hat mit 9,60 % eine höhere Abweichung als der Wert für numerische Abweichungen des Modells von Dörner [3] in Höhe von 5,49 % (siehe Kapitel 5.1.2).

Tabelle 5.16: Prozentuale Abweichungen zwischen den simulativ und experimentell ermittelten Ergebnissen

Kontakt-situation	Prozentuale Abweichung für die Kombinationen:		
	400	420	422
C1	1,85 %	1,78 %	1,76 %
C2	3,39 %	3,30 %	3,32 %
C3	2,66 %	2,71 %	2,72 %
C4	0,34 %	0,40 %	3,02 %
C5	4,75 %	4,67 %	4,70 %
C6	2,18 %	2,08 %	2,07 %
C7	9,60 %	9,68 %	9,67 %
C8	0,92 %	0,96 %	0,97 %
C9	0,22 %	0,29 %	0,27 %
C10	0,05 %	2,51 %	2,52 %
Mittelwert	2,596 %	2,838 %	3,102 %

Die Simulations-Parameter der Kombination Nummer 400 weisen die geringsten Abweichungen zu den experimentellen Ergebnissen auf, weshalb für die weiteren Simulationen die entsprechenden Parameter verwendet werden. Die gerundeten Parameter für die Kombination Nummer 400 sind in Tabelle 5.17 und die Parameter der Kombinationen 420 und 422 sowie die ungerundeten Parameter der Kombination Nummer 400 sind im Anhang in Tabelle A.25 aufgeführt.

Tabelle 5.17: Gerundete Materialparameter der Parameterkombination Nummer 400 der HHS-Druckmessfolie

Parameter	Wert
Elastizitätsmodul E in MPa	4.909
Querkontraktionszahl ν	0,40
Reibkoeffizient μ	0,40

5.3.4 Bewertung der Parametersätze für die Druckmessfolientypen

Eine Bewertung der in Kapitel 5.3.1 bis 5.3.3 ausgewählten Parameterkombinationen für die drei Druckmessfolientypen erfolgt zum einen im Abgleich mit dem von Lekue [14, 60] vorgestellten Materialmodell und zum anderen unter Beachtung der Abweichungen von den experimentellen Ergebnissen der von Lekue durchgeführten Versuche mit Hertz'schen Körpern (siehe Tabelle 2.3 und [14]). Ein Vergleich mit dem Modell von Lekue ist lediglich für die HS-Druckmessfolie möglich, da nur für diesen Folientyp ein Materialmodell vorliegt. In Tabelle 5.18 erfolgt der Vergleich von Kontaktflächengrößen, basierend auf den experimentell ermittelten Kontaktflächen von Lekue [14], nachfolgend als „Ex." bezeichnet, mit den simulativ bestimmten Kontaktflächen der vorliegenden Arbeit, nachfolgend als „Strat." bezeichnet, sowie den simulativen Ergebnissen von Lekue [14, 60], nachfolgend als „Lek." bezeichnet.

Tabelle 5.18: Übersicht der simulativ oder experimentell bestimmten Kontaktflächengrößen sowie der prozentualen Abweichung in Bezug auf die experimentell bestimmte Kontaktflächengröße

Kontakt-situation	**Ex./ Strat./ Lek.**	**Kontaktfläche in mm² und prozentuale Abweichung**		
		MS-Druckmessfolie	**HS-Druckmessfolie**	**HHS-Druckmessfolie**
C1	**Ex.**	100,64	68,22	55,15
	Strat.	100,23 (-0,41 %)	65,10 (-4,57 %)	54,13 (-1,85 %)
	Lek.	-	65,04 (-4,66 %)	-
C2	**Ex.**	141,87	97,82	86,26
	Strat.	147,30 (+3,83 %)	96,85 (-0,99 %)	83,33 (-3,39 %)
	Lek.	-	100,31 (+2,55 %)	-
C3	**Ex.**	128,28	83,65	66,19
	Strat.	126,62 (-1,29 %)	83,38 (-0,31 %)	67,95 (+2,66 %)
	Lek.	-	96,74 (+15,65 %)	-
C4	**Ex.**	185,30	125,88	107,15
	Strat.	183,74 (-0,84 %)	126,7 (+0,65 %)	107,51 (+0,34 %)
	Lek.	-	126,64 (+0,60 %)	-
C5	**Ex.**	228,59	159,26	141,45
	Strat.	234,89 (+2,76 %)	160,63 (+0,86 %)	134,73 (-4,75 %)
	Lek.	-	160,50 (+0,78 %)	-
C6	**Ex.**	268,22	186,75	168,79
	Strat.	274,43 (+2,31 %)	188,77 (+1,08 %)	165,11 (-2,18 %)
	Lek.	-	193,48 (+3,60 %)	-
C7	**Ex.**	160,61	107,88	76,05
	Strat.	151,69 (-5,55 %)	100,33 (-7,00 %)	83,35 (+9,60 %)
	Lek.	-	100,26 (-7,06 %)	-
C8	**Ex.**	221,14	150,44	125,48
	Strat.	218,93 (-1,00 %)	147,46 (-1,98 %)	126,64 (+0,92 %)
	Lek.	-	151,70 (+0,84 %)	-
C9	**Ex.**	275,23	190,16	164,67
	Strat.	274,48 (-0,28 %)	188,72 (-0,76 %)	165,03 (+0,22 %)
	Lek.	-	193,49 (+1,75 %)	-
C10	**Ex.**	322,38	224,85	198,56
	Strat.	317,08 (-1,64 %)	224,28 (-0,25 %)	198,46 (-0,05 %)
	Lek.	-	229,48 (+2,06 %)	-

Die Bewertung der in den vorherigen Kapiteln bestimmten Parametersätze für die MS-, HS- und HHS-Druckmessfolien erfolgt anhand der prozentualen Abweichungen der Kontaktflächengrößen im Vergleich zu den von Lekue [14] experimentell bestimmten Kontaktflächengrößen. Zur Bewertung der experimentell bestimmten Kontaktflächengröße wird deren Mittelwert als Grundlage genommen. Der im Rahmen dieser Arbeit bestimmte Parametersatz für die HS-Druckmessfolie wird zusätzlich mit dem von Lekue [14, 60] bestimmten Parametersatz verglichen, um das hier erarbeitete Materialmodell bzgl. seiner Genauigkeit im Vergleich zum Modell von Lekue zu bewerten.

Die vorgestellten Druckmessfolienmodelle (Kapitel 5.3.1 bis 5.3.3) weisen im Fall der MS-Druckmessfolie eine durchschnittliche prozentuale Abweichung von 1,99 %, im Fall der HS-Druckmessfolie von 1,85 % und im Fall der HHS-Druckmessfolie von 2,6 % auf. Dabei betragen die höchsten prozentualen Abweichungen einer Kontaktsituation 5,55 % (MS), 7,00 % (HS) und 9,60 % (HHS). Das von Lekue [14, 60] bestimmte Materialmodell für die HS-Druckmessfolie führt zu einer durchschnittlichen Abweichung von 3,95 % und einer maximalen Abweichung von 15,65 %. Werden die Abweichungen zwischen numerischen und analytischen Lösungen (siehe Kapitel 5.1.2) in die Bewertung der Abweichungen mit einbezogen, so können diese als gering bis gut angesehen werden. Das in dieser Arbeit (Kapitel 5.3.2) entwickelte HS-Materialmodell weist im Vergleich zu dem Modell von Lekue [14, 60] eine geringere maximale Abweichung von 7,00 % auf. Infolge der geringen prozentualen Abweichungen bei allen drei Druckmessfolientypen können die im Rahmen dieser Arbeit bestimmten Materialmodelle als brauchbar beurteilt werden. Zudem weist das hier entwickelte HS-Druckmessfolienmodell geringere Abweichungen als das von Lekue [14, 60] entwickelte Modell auf.

5.4 Simulative Nachbildung des rauen Rad-Schiene-Kontaktes

Für die simulative Nachbildung des rauen Rad-Schiene-Kontaktes sind entsprechende Abstands-Druck-Kurven notwendig. Die für die Simulationen der drei verschiedenen Druckmessfolientypen notwendigen Kurven werden nach dem in Kapitel 5.2 vorgestellten Vorgehen erzeugt.

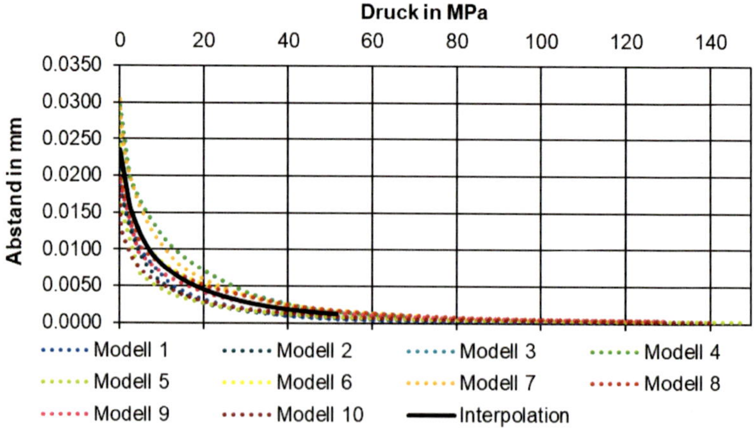

Abb. 5.11: Abstands-Druck-Kurven für die zehn einzelnen Modelle sowie die Interpolationskurve für den Druckmessfolientyp MS des Rades

Bei der Verwendung der zuvor entwickelten linear-elastischen Materialmodelle für die Druckmessfolien traten im Gegensatz zu den im Kapitel 5.1 erarbeiteten elasto-plastischen Materialmodelle keine numerischen Instabilitäten auf. In Abb. 5.11 sind beispielhaft die vorliegenden zehn Kurven sowie die resultierende Interpolationskurve für den Druckmessfolientyp MS des Rad-Druckmessfolien-Kontaktes dargestellt. Die Interpolationskurven (resultierende Abstands-Druck-Kurven) für alle drei Druckmessfolientypen sind in Abb. 5.12 ersichtlich.

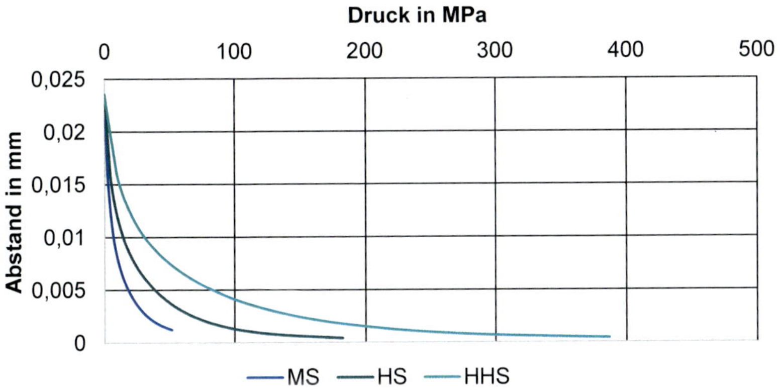

Abb. 5.12: Übersicht der resultierenden durchschnittlichen Abstands-Druck-Kurven für die drei Druckmessfolientypen

5.4.1 Makro-Modelle des Rad-Schiene-Kontaktes

Zur Nachbildung des Rad-Schiene-Kontaktes ist die Bestimmung der Geometrie der Kontaktkörper notwendig. Hierfür wird die Geometrie des verschlissenen Rads mittels MiniProf-Profilmessgerät aufgenommen. Die Schiene befindet sich im Neuzustand, weshalb hier das Ursprungsprofil der 60E1-Schiene (eingebaut mit einer Schieneneinbauneigung von 1/40) verwendet wird (siehe auch Kapitel 4.1). Das Modell der Schiene entspricht einem Schienenabschnitt mit einer Länge von 20 mm und das Rad einem Winkelausschnitt von 2,5°. Zur Reduktion der Rechenzeit wird eine zusätzliche Symmetriebedingung in der yz-Ebene eingefügt, wodurch das Simulationsmodell gespiegelt wird. Auf dieser Symmetrieebene (dargestellt in Abb. 5.13) liegt die Radachse, sodass der dargestellte Ausschnitt zur Bestimmung der halben Kontaktfläche und entsprechend durch die Symmetriebedingung die Bestimmung der ganzen Kontaktfläche möglich ist. Die Druckmessfolie wird mit Gasket-Elementen mit einer Größe von 0,25 mm × 0,25 mm und einer Dicke von 0,09 mm auf der Schiene befindlich nachgebildet (entsprechend [14, S. 79] bzw. [60]). Die Vernetzung des Rades und der Schiene erfolgt mittels linearer Hexaeder mit einer reduzierten Integration und einer Elementgröße von 0,75 mm × 0,75 mm [14, S. 79]. In Abb. 5.13 ist das Rad-Schiene-Kontakt-Modell schematisch in der Ausgangsstellung dargestellt.

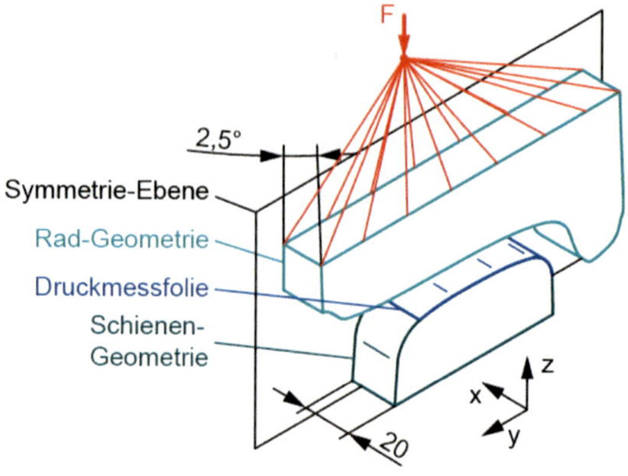

Abb. 5.13: Schematisches Rad-Schiene-Kontakt-Modell mit eingelegter Druckmessfolie (alle Maße in mm)

Durch die Wahl eines Ausschnitts des Rad-Schiene-Kontaktes sind entsprechende Randbedingungen zu wählen, welche die Freiheitsgrade einschränken. Diese Einschränkungen sind schematisch in Abb. 5.14 dargestellt. Die Verwendung einer Symmetriebedingung schränkt die Bewegungsfreiräume und damit die Freiheitsgrade der Symmetrie-Ebene ein und verhindert ein Verschieben in x-Richtung sowie ein Verdrehen um die y- und z-Achse. Die an der Radgeometrie und der Druckmessfolie dargestellte Lagerungen verhindern die horizontale Bewegung der Oberflächenknoten in x-Richtung. An der Schienengeometrie befindet sich zum einen eine Einschränkung der vertikalen Oberflächenknoten in x-Richtung und eine Einschränkung der horizontalen Oberflächenknoten in z- und y-Richtung. Der Punkt, an dem die Punktlast aufgebracht wird, kann sich durch die Lagerung nur in vertikaler Richtung bewegen.

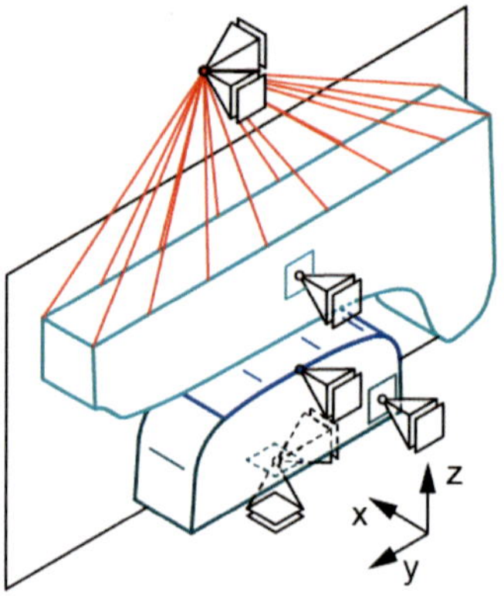

Abb. 5.14: Einschränkungen der Freiheitsgrade des Rad-Schiene-Kontakt-Modells

Für das Material des Rades und der Schiene wird derselbe Elastizitätsmodul von 210.000 MPa (siehe Tabelle 5.1) angenommen. Kleiner [27, S. 55] hat nachgewiesen, dass der Elastizitätsmodul, die Härte, die Streckgrenze und die Dehngrenze der Schiene leicht variieren (im Neuzustand). Streng genommen handelt es sich somit nicht um ein homogen-isotropes Material, sondern um ein funktional gradiertes Material, dessen Eigenschaften nicht konstant über dem Querschnitt verteilt sind. Da jedoch die Schwankungen als gering angesehen werden können und keine bzw. nur geringe Eigenschaftsänderungen über den Querschnitt erwartet werden, wird das Material vereinfacht als homogen betrachtet. Die entsprechenden Materialparameter der Schiene und des Rades sind in Tabelle 5.1 aufgelistet. Für die Druckmessfolien werden die zuvor identifizierten Materialparameter aus Tabelle 5.13, Tabelle 5.15 und Tabelle 5.17 verwendet. Es wird ebenfalls angenommen, dass sich die Druckmessfolien homogen-isotrop verhalten.

In der Simulation wird die Kraft auf die Schiene als eine Punktlast aufgebracht, welche kinetisch mit dem Schienenmodell verbunden ist (siehe Abb. 5.13). Diese kinetische Verbindung ermöglicht das gleichmäßige Verteilen der Kraft auf die Oberfläche des Schienenausschnitts. Das Aufbringen der Last erfolgt kontinuierlich steigend mittels einer Rampenfunktion. Dies ist angelehnt an das experimentelle Vorgehen (siehe auch Kapitel 4.2).

Der Kontakt zwischen Schiene und Druckmessfolie sowie zwischen Rad und Druckmessfolie ist als Fläche-zu-Fläche-Kontakt definiert, wobei das tangentiale Verhalten mittels Penalty-Friction-Formulierung (siehe Kapitel 2.3.3) beschrieben wird. Dabei ist der Reibkoeffizient abhängig von der jeweiligen Druckmessfolie (siehe Tabelle 5.13, Tabelle 5.15 und Tabelle 5.17) und im tangentialen Kontakt sind größere Bewegungen zulässig[37]. Der Normalkontakt zwischen Schiene und Druckmessfolie ist als Hard-Kontakt mittels Augmented Lagrange (siehe Kapitel 2.3.3) definiert. Im Kontakt von Druckmessfolie und Rad werden die zuvor bestimmten Abstands-Druck-Kurven mittels einzelner Datenpunkte implementiert. Dadurch wird die Oberflächenrauheit des Rades zusätzlich berücksichtigt.

Die quasi-statische Berechnung der Kontaktsituation wird in Abaqus implizit berechnet, sodass in Abhängigkeit des Zeitschritts die einzelnen Belastungen der Körper nachvollzogen werden können.

5.4.2 Ergebnisse und Evaluation der Simulationen

Die mittels Simulation entstandenen Kontaktflächenabdrücke sind in Abb. 5.15 dargestellt. Es ist zu erkennen, dass sich der kleinste Formabdruck bei dem Folientyp HHS mit einer Kraft von 25 kN ergibt und die größte Fläche bei dem Typ MS und einer Kraft von 110 kN entsteht. Die Form des Abdruckes ändert sich, was auf eine veränderte Kontaktsituation durch z. B. einen Radiussprung des Rades oder der Schiene zurückführen lässt. Insbesondere mit steigender Belastung nimmt die Längsausdehnung des Abdruckes deutlich mehr zu als die Querausrichtung. Dies ist auf die Geometrie von Rad und Schiene zurückzuführen. Die Größenänderung und die entsprechende

[37] In Abaqus wird das finite sliding gewählt, welches im Gegensatz zur Wahl von small sliding größere horizontale Bewegungen ermöglicht [142].

Formänderung sind deutlich zu erkennen, was den Erwartungen entspricht, da basierend auf einer Veröffentlichung Kleiners und Schindlers [40] von einer Formänderung auf Grund der Geometrie von Rad und Schiene sowie der Kraft ausgegangen werden kann. Darüber hinaus sind diese Ergebnisse durch den unterschiedlichen Schwellwertdrücke der drei verschiedenen Druckmessfolientypen (siehe Tabelle 2.4) erwartbar und damit begründbar.

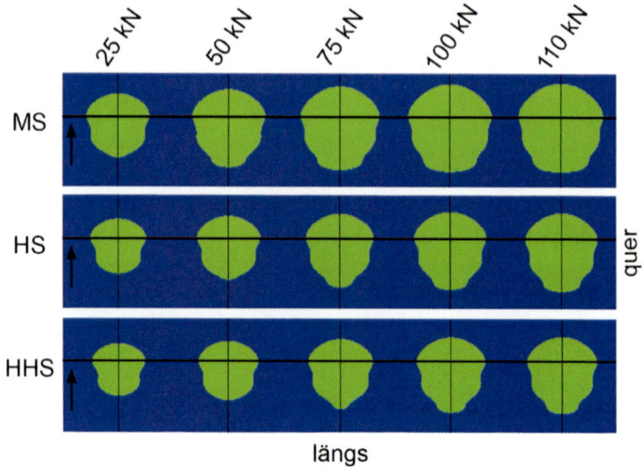

Abb. 5.15: Übersicht der simulativ bestimmten Kontaktflächen für die Position $\eta = +4{,}5\ m$

Die simulativ bestimmten Kontaktflächen des Rad-Schiene-Kontaktes mit eingelegter Druckmessfolie sind in Tabelle 5.19 angegeben.

Tabelle 5.19: Simulativ bestimmte Kontaktfläche in mm²

Kraft	**MS**	**HS**	**HHS**
25 kN	211,54	160,12	145,01
50 kN	291,68	208,76	186,91
75 kN	346,74	254,72	227,37
100 kN	391,63	290,76	262,78
110 kN	406,65	303,85	275,37

6 Simulation von Kohlepapier und herkömmlichem Papier

Basierend auf der in Kapitel 4.3 erfolgten experimentellen Evaluation des Rad-Schiene-Kontaktes zur Identifizierung der Kontaktfläche, unter der Verwendung von Kohlepapier in Kombination mit herkömmlichem Papier, erfolgt nun die Implementierung eines Materialmodells von Kohlepapier. Die hohe Anzahl an Einflussfaktoren sowie die komplexe Bestimmung der Materialparameter von Papier in Dickenrichtung, beschränkt die Auswahl der Papiermaterialmodelle, welche zudem für den geforderten Anwendungsfall nur eine begrenzte Gültigkeit haben [31, 91]. Auf der Grundlage dieser Erkenntnisse wurde eine andere empirische Methodik gewählt, um die Materialparameter für ein bedarfsgerechtes Materialmodell für Kohlepapier zu bestimmen. Da auf die Verwendung eines Materialmodells als User-defined-Subroutine verzichtet wird (siehe Kapitel 2.2.2), wird auf das erste, in Tabelle 2.6 aufgeführte Materialmodell zurückgegriffen, welches keine weiteren Experimente zur Bestimmung offener Materialparameter benötigt. Basierend auf diesem unvollständigen Materialmodell wird ein vereinfachtes Materialmodell rechnerisch bestimmt, welches für die weiterführenden Simulationen herangezogen wird. Im Kontaktpunkt des Papiers kann ein isotropes Werkstoffverhalten angenommen werden, da die Kontaktsituation in der mikroebene im Vergleich zur gesamten Papierfläche sehr klein ist (angelehnt an die Vereinfachungen nach Hertz in Kapitel 2.1.1). Deshalb wird statt eines allgemeinen elastischen Materialmodells ein linear-elastisches Materialmodell gewählt. Weitere Annahmen für die Verwendung eines vereinfachten isotropen Materialmodells sind:

- Es liegt eine einachsige Druck-Belastung in Dickenrichtung (ZD) vor.
- Die resultierende Kontaktfläche ist klein, im Vergleich zu den „üblichen" Dimensionen der Quer- und der Fertigungsrichtung (CD- und MD-Richtungen).
- Es wird nur eine Lage Papier nachgebildet.
- Die zu erwartenden Verformungen können als sehr klein angesehen werden.
- Die Auswirkungen der Anisotropie im Kontakt werden als vernachlässigbar angesehen.
- Es treten reine elastische Verformungen auf.

Basierend auf diesen Annahmen wird ein vereinfachter Elastizitätsmodul bestimmt. Die grundlegende Bestimmung des Werts stützt sich auf die Theorie der Gestaltänderungshypothese bzw. auf die von Mises-Vergleichsspannung (nach [143, S. 89]). Danach gilt für den allgemeinen Spannungszustand:

$$\sigma_{v,M} = \sqrt{\sigma_x^2 + \sigma_y^2 + \sigma_z^2 - \sigma_x \cdot \sigma_y - \sigma_x \cdot \sigma_z - \sigma_y \cdot \sigma_z + 3 \cdot \left(\tau_{xy}^2 + \tau_{xz}^2 + \tau_{yz}^2\right)} \qquad (6\text{-}1)$$

Wird die Gleichung (6-1) auf die Werkstoffparameter (Tabelle 2.6) von Papier übertragen, so folgt daraus der vereinfachte Elastizitätsmodul:

$$E_v = \sqrt{E_{x,MD}^2 + E_{y,CD}^2 + E_{z,ZD}^2 - E_{x,MD} \cdot E_{y,CD} - E_{x,MD} \cdot E_{z,ZD} - E_{y,CD} \cdot E_{z,ZD} + 3\left(G_{xy}^2 + G_{xz}^2 + G_{yz}^2\right)} \quad (6\text{-}2)$$

Zusätzlich zu den in Tabelle 2.6 aufgelisteten Parametern sind weitere Parameter notwendig:

- Querkontraktionszahlen ν_{xz} und ν_{yz}
- Schubmodule G_{xz} und G_{yz} in MPa
- Gleitreibwert μ

Für die Berechnung des entsprechenden vereinfachten Elastizitätsmoduls E_v sind neben dem vorliegenden Wert für das Schubmodul G_{xy} noch die Werte für G_{xz} sowie G_{yz} zu bestimmen. Die Schubmodule können nach [144] bestimmt werden:

$$G_{ij} = \frac{E_i}{2 \cdot (1 + \nu_{ij})} \quad (6\text{-}3)$$

Die für die Berechnung der Schubmodule notwendigen Querkontraktionszahlen lassen sich mit den vorliegenden Werten berechnen. Für die Querkontraktionszahlen nach [100, S. 8] [144] gilt:

$$\frac{\nu_{ij}}{E_i} = \frac{\nu_{ji}}{E_j} \quad (6\text{-}4)$$

Entsprechend lassen sich die Querkontraktionszahlen ν_{xz} sowie ν_{yz} zu $\nu_{xz} = -2{,}19$[38] und $\nu_{yz} = 0{,}55$ bestimmen. Somit folgt für $G_{xz} = -3.513{,}76\ \mathrm{MPa}$ und für $G_{yz} = 829{,}03\ \mathrm{MPa}$. Dementsprechend folgt für den vereinfachten Elastizitätsmodul $E_v = 9.655{,}066\ \mathrm{MPa}$. Für die Querkontraktionszahl wird die Annahme getroffen, dass diese ebenfalls konstant ist, sodass sie aus den Beträgen der Querkontraktionszahlen ν_{zx} und ν_{zy} bestimmt wird. Es folgt somit:

$$\nu_v = \frac{|\nu_{zx}| + |\nu_{zy}|}{2} \quad (6\text{-}5)$$

Basierend auf den Werten für ν_{zx} und ν_{zy} folgt für die Querkontraktionszahl $\nu_v = 0{,}035$.

Der Gleitreibwert μ wird nach der VDI 2700 Blatt 9 auf $\mu = 0{,}3$ (Papier gegen Metall [145]) festgesetzt. Infolge der zuvor getroffenen Annahmen ergeben sich die Materialparameter für Papier in Tabelle 6.1.

---

[38] Die negative Querkontraktionszahl kann als nachvollziehbar angesehen werden, da es sich bei Papier um ein auxetisches Material handelt (siehe auch Kapitel 2.2.2).

Tabelle 6.1: Materialparameter für das Materialmodell von Papier

Parameter	**Wert**
Elastizitätsmodul E_v in MPa	9.655
Querkontraktionszahl ν_v	0,035
Reibkoeffizient μ	0,3

6.1 Mikro-Modelle zur Identifikation der Abstands-Druck-Kurven

Für die simulative Nachbildung des rauen Rad-Schiene-Kontaktes mit implementiertem Papier und Kohlepapier sind eine entsprechende Abstands-Druck-Kurve sowie ein Makro-Modell der gesamten Kontaktsituation notwendig. Die Mikromodelle, die bereits für die Druckmessfolie verwendet wurden, finden auch für Papier Anwendung (Kapitel 5.2). Im Rahmen der Berechnung der Abstands-Druck-Kurve werden die Materialparameter für das isotrope Materialmodell aus Tabelle 6.1 verwendet.

Abstands-Druck-Kurve

Das in Kapitel 5.2 beschriebene Verfahren zur Bestimmung der Abstands-Druck-Kurven wurde auch auf das Materialmodell von Papier angewendet. Die resultierende gemittelte Abstands-Druck-Kurve für die zehn Mikro-Modelle ist in Abb. 6.1 dargestellt.

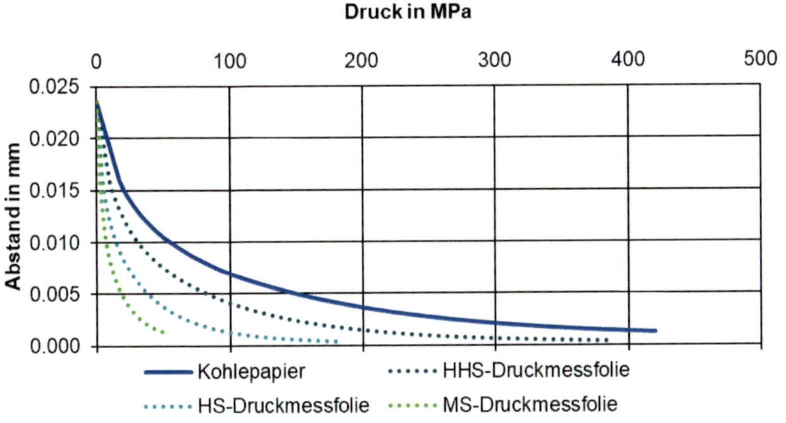

Abb. 6.1: Resultierende Abstands-Druck-Kurve für das Papier-Materialmodell

6.2 Makro-Modelle des Rad-Schiene-Kontaktes

Das Makro-Modell für die Simulation des Rad-Schiene-Kontaktes mit eingelegtem Kohlepapier und herkömmlichem Papier unterscheidet sich nur unwesentlich von dem in Kapitel 5.4.1 vorgestellten FEM-Modell. Der Unterschied liegt in der Dicke der Zwischenschicht. Statt der Materialmodelle für Druckmessfolien werden die zuvor vorgestellten Parameter für Papier (Tabelle 6.1) verwendet. Weiterhin wird die implementierte Zwischenschicht von einer Dicke von 0,09 mm bei der Druckmessfolie auf eine

Dicke von 0,15 mm erhöht. Diese Dicke entspricht der gesamten Dicke von 0,05 mm des Kohlepapiers (siehe Fußnote 26 auf S. 39) und der Dicke des verwendeten Papiers von 0,1 mm (siehe Fußnote 27 auf S. 39). Die Zwischenschicht wird einlagig und nicht zweilagig modelliert, da das Papier und das Kohlepapier gemeinsam mittels Klammern während der Versuche auf der Schiene fixiert wurden. Darüber hinaus ist auf Grund der Oberflächenrauheiten (Kapitel 4.1) und der Reibwerte bei einer Belastung in Normalenrichtung von keiner nennenswerten relativen Bewegung des Kohlepapiers zum herkömmlichen Papier auszugehen.

Ergebnisse der Simulationen

Die simulativ bestimmte Kontaktfläche des Rad-Schiene-Kontaktes mit eingelegtem Kohlepapier ist in Tabelle 6.2 erfasst. Deutlich wird die parallel zur Kraft steigende Kontaktfläche. Im Anhang in Tabelle A.26 bis Tabelle A.37 sind die simulativ bestimmten Kontaktflächen für weitere Positionen (siehe Tabelle 4.2) aufgelistet.

Tabelle 6.2: Simulativ bestimmte Kontaktfläche in mm² für die exemplarische Position $\eta = +4{,}5\ mm$

Kraft	**Kohlepapier**
25 kN	144,926
50 kN	190,360
75 kN	233,540
100 kN	270,228
110 kN	283,386

Die mittels Simulation bestimmten Kontaktflächenabdrücke werden in Abb. 6.2 aus Tabelle 6.2 visualisiert. In der Abbildung sind die Größenänderung und die Ansicht der Form durch den sich verändernden Druck zu erkennen. Optisch sind die Kontaktflächenabdrücke vergleichbar mit denen in Abb. 5.15, wobei die Größe der Abdrücke variiert.

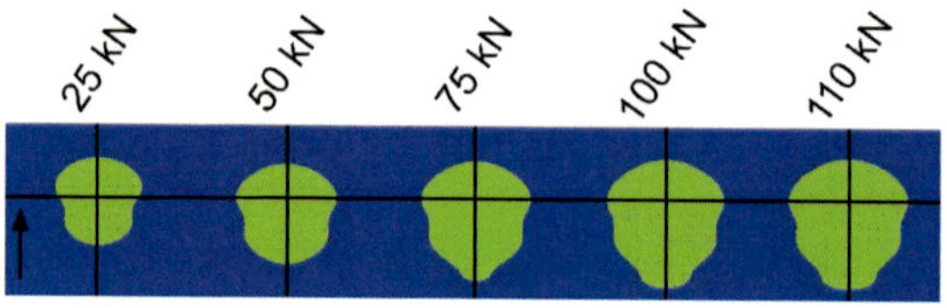

Abb. 6.2: Simulativ bestimmte Kontaktflächen für die Position $\eta = +4{,}5\ mm$

7 Systematischer Vergleich der Verfahren

Der systematische Vergleich der angewendeten Verfahren erfolgt zuerst zwischen den simulativ und den experimentell erzeugten Ergebnissen sowie anschließend anhand der beiden eingesetzten experimentellen Verfahren für die Druckmessfolien und das Kohlepapier. Daraufhin wird zunächst ein Vergleich mit der Arbeit von Kleiner [27, S. 128] und anschließend ein Vergleich zwischen dem in dieser Arbeit erarbeiteten Materialmodell für die HS-Druckmessfolie und dem in den Arbeiten von Lekue [14, 60] entwickelten Materialmodell vorgenommen. Abschließend erfolgt eine Eingrenzung der Anwendbarkeit der hier verwendeten Verfahren bzw. Methoden.

7.1 Vergleich zwischen simulativen und experimentellen Ergebnissen

Für den systematischen Vergleich zwischen den experimentellen Ergebnissen und den simulativen Ergebnissen (kurz Sim.) werden die für die exemplarische Position von $\eta = +4{,}5\ \mathrm{mm}$ (siehe Abb. 2.6) bestimmten Kontaktflächengrößen genutzt. Zusätzlich erfolgt eine Betrachtung der Simulation ohne Zwischenlage. Eine Übersicht der entsprechenden Kontaktflächengrößen ist in Tabelle 7.1 aufgeführt.

Tabelle 7.1: Übersicht der mittleren bestimmten Kontaktflächen in mm² für die Position $\eta = +4{,}5\ mm$ (siehe auch Tabelle 4.3, Tabelle 5.19 und Tabelle 6.2)

Kraft	Druckmessfolientyp					
	MS		HS		HHS	
	Ex.	Sim.	Ex.	Sim.	Ex.	Sim.
25 kN	125,0	211,5	108,3	160,1	64,3	145,0
50 kN	166,0	291,7	153,0	208,8	105,7	186,9
75 kN	191,0	346,7	180,3	254,7	136,7	227,4
100 kN	214,7	391,6	201,0	290,8	159,3	262,8
110 kN	224,0	406,7	208,7	303,8	165,7	275,4

	Kohlepapier		Ohne Zwischenlage
	Ex.	Sim.	Sim.
25 kN	88,6	144,9	57,2
50 kN	114,6	190,4	92,5
75 kN	139,3	233,5	116,6
100 kN	164,0	270,2	140,1
110 kN	168,6	283,4	146,8

Werden die experimentell ermittelten mit den simulativ bestimmten Kontaktflächen verglichen, so wird deutlich, dass die Simulationen mit Zwischenlage die experimentell bestimmten Kontaktflächen systematisch überschätzen. Die im Schnitt geringsten Abweichungen zwischen der Simulation und den Experimenten liegen bei dem

Druckmessfolientyp HS und die höchste Abweichung beim Druckmessfolientyp HHS vor. Die Abweichungen beim Druckmessfolientyp HHS sind weitestgehend vergleichbar mit den Abweichungen beim Kohlepapier. Zur Bewertung der Abweichungen hinsichtlich der Zwischenlage werden Simulationen ohne Zwischenlage herangezogen. Dabei wird deutlich, dass die Abweichungen zu den experimentellen Ergebnissen zwischen den unterschiedlichen Typen von Zwischenlagen variieren. Die höchsten Abweichungen entstehen bei der MS-Druckmessfolie und die niedrigsten bei der HHS-Druckmessfolie. Die Abweichungen beim Kohlepapier sind etwas höher als die von der HHS-Druckmessfolie. Im Allgemeinen sind die Abweichungen zwischen Simulationen mit und ohne Zwischenlage deutlich voneinander abweichend. Diese Abweichungen sind zum einen auf die größere Kontaktfläche durch eine Zwischenlage (siehe auch Kapitel 2.2.2) zurückzuführen. Zum anderen ist zu berücksichtigen, dass bei den Simulationen der Zwischenlage auch die Oberflächenrauheit durch Abstands-Druck-Kurven berücksichtigt wurden, was bei der Simulation ohne Zwischenlage hingegen nicht erfolgte. Die Simulationen ohne Zwischenlage berücksichtigen die Oberflächenrauheit nicht, da die Abstands-Druck-Kurven aus den Kapiteln 5.4 und 6.1 nicht auf die Simulation ohne Zwischenlage anwendbar sind, da diese nur für die jeweilige Materialkombination gültig sind. Entsprechend kann geschlussfolgert werden, dass durch die Verwendung einer Zwischenlage, wie z. B. Kohlepapier oder Druckmessfolie, die erzeugte Kontaktfläche größer wird. Dieses Ergebnis entspricht auch den Simulationsergebnissen von Lekue [14, S. 83]. Darüber hinaus lässt sich schlussfolgern, dass das Material der Zwischenlage die resultierende Kontaktfläche unterschiedlich stark vergrößern. Zur detaillierten Bewertung wird über die Betrachtung der Position $\eta = +4{,}5\ \mathrm{mm}$ hinaus eine Betrachtung der simulierten Positionen unter einer Belastung von 100 kN erfolgen. Eine Übersicht über die experimentell und simulativ bestimmten Kontaktflächen befindet sich in Tabelle 7.2.

Eine Betrachtung der in Tabelle 7.2 aufgelisteten Kontaktflächen zeigt deutlich, dass die Abweichungen zwischen den simulativen und den experimentellen Ergebnissen in der gleichen Größenordnung sind, wie für die exemplarische Position $\eta = +4{,}5\ \mathrm{mm}$ (Tabelle 7.1). Darüber hinaus wird deutlich, dass die Abweichungen zwischen der Simulation ohne Zwischenlage und der Simulation mit der HHS-Druckmessfolie am geringsten sind. Dies korreliert mit der Erkenntnis, dass die HHS-Druckmessfolie die Kontaktfläche am geringsten überschätzen (siehe auch [14, 35, 55, 57, 60]).

Tabelle 7.2: Übersicht der mittleren bestimmten Kontaktflächen in mm² für die Belastung von 100 kN für die Druckmessfolien, Kohlepapier und ohne Zwischenlage (kurz Ohne).

Posi-tion	MS		HS		HHS		Kohlepapier		Ohne
	Ex.	Sim.	Ex.	Sim.	Ex.	Sim.	Ex.	Sim.	Sim.
-2,5	211,7	-	188,0	230,5	145,7	207,4	173,1	214,7	112,4
-1,5	239,7	-	206,0	-	149,0	-	178,4	216,1	117,9
-0,5	247,0	387,6	220,0	273,1	162,3	245,3	173,1	-	115,0
±0,0	250,7	399,1	225,3	283,6	171,7	252,1	168,8	-	122,9
+0,5	244,0	404,6	226,0	299,4	173,0	269,1	171,9	278,3	129,6
+1,5	253,7	404,7	228,7	309,9	174,0	285,1	169,6	290,6	148,6
+2,5	233,7	401,2	220,3	309,8	173,0	285,3	170,5	292,0	157,6
+3,5	227,7	398,8	213,3	306,4	163,7	281,6	175,3	287,5	150,3
+4,5	214,7	391,6	201,0	290,8	159,3	262,8	164,0	270,2	140,1
+5,5	200,7	375,3	190,3	270,9	150,7	241,2	152,2	252,2	-
+6,5	193,3	365,7	184,3	261,4	147,3	233,2	149,8	248,3	-
+7,5	192,3	362,8	174,3	252,5	134,7	224,1	131,7	242,1	-

Um die Abweichungen zwischen den Experimenten und Simulationen mit Zwischenlage einordnen und bewerten zu können, sind die Randbedingungen der Experimente sowie der Simulationen heranzuziehen. Die Experimente sind im Bereich eines sehr inhomogen rauen Rad-Schiene-Kontaktes ($R_a = 6$ bzw. $R_a = 2$; siehe Kapitel 4.1) durchgeführt worden. In der Arbeit von Stratmann et al. [33] steigt die durchschnittliche Abweichung zwischen den Simulationsergebnissen und den experimentellen Ergebnissen mit zunehmender Oberflächenrauheit [33]. Zudem sind die Abweichungen zwischen den experimentellen und simulativen Ergebnissen des Hertz'schen Kontaktes im Rahmen der Materialparameterbestimmung für die Druckmessfolien (siehe Kapitel 5.3.4) zu berücksichtigen, welche zwischen -7 % und +9,6 % liegen. Auf Grund dieser Gegebenheiten sind Abweichungen bis zu dieser Höhe teilweise auf die Materialmodellierung zurückzuführen und bei der Bewertung entsprechend zu berücksichtigen. Darüber hinaus sind die folgenden Aspekte bei der Bewertung zu beachten:

- Die Aufnahme der Radgeometrie für die Nachbildung der Kontur erfolgte dreimal mittels MiniProf-Profilmessgerät (siehe Kapitel 5.4.1) an verschiedenen Positionen am Umfang, sodass die gemittelte Geometrie für die Simulation verwendet wird. Dies erfolgt unter der Annahme, dass nur sehr geringe Abweichungen am Radumfang vorliegen (vgl. [3, S. 132]). Eine Überprüfung dieser Annahme erfolgte durch die Aufnahme der Radgeometrie an 25 verschiedenen über den Umfang verteilten Stellen. Diese Aufnahmen zeigen deutlich, dass nur marginale Unterschiede in der

Geometrie vorliegen. Im Anhang ist in Abb. A 1 ein Ausschnitt der Geometrie dargestellt und in Abb. A 2 die vollständigen aufgenommen Geometrien.

- Das Neuprofil der Schiene wird nach DIN EN 13715 als ideal angenommen. Die Profilgeometrie ist mittels Schablone überprüft worden und stimmte mit dieser überein. Mögliche Fertigungstoleranzen wurden nicht berücksichtigt.
- Die Schieneneinbauneigung von 1:40 ist im FEM-Modell berücksichtigt worden. In der Konstruktion des Portals ist die Schieneneinbauneigung durch die Abstandsplatte berücksichtigt worden. Eine Überprüfung der im Rahmen der Experimente verwendete Abstandsplatte hat eine Abweichung zwischen -4,9 % bis -6,1 % in der Neigung ergeben. Durch diese Abweichung ist eine geringfügige Verschiebung des Kontaktpunktes möglich.
- Die relative Position vom Rad zur Schiene ist beim ersten Ausrichten durch Messmittel überprüft worden. Die Verschiebungen während der Experimente sind mittels Messuhr bestimmt worden.
- Auf Grund des verwendeten Ausschnitts der Rad- und Schienen-Geometrien entstehen leichte Modellierungsfehler (geringer Versatz der Kontaktfläche [3, S. 71], siehe auch [3, S. 90ff]), wobei sich ein systematischer Fehler durch die Verwendung eines Rad- und eines Schienenausschnitts statt des Gesamtsystems ergibt [3, S. 76].

Auch unter Berücksichtigung der zuvor beschriebenen Aspekte und der Randbedingungen der FEM [3, S. 64] sind die Abweichungen im Allgemeinen als hoch anzusehen. Vor diesem Hintergrund folgt eine weitergehende Analyse der möglichen Ursache(n) für die hohen Abweichungen bei der Nachbildung der Kontaktflächengröße. Neben der Größe der Kontaktfläche wird der erzeugte Kontaktflächenabdruck für die Bewertung herangezogen. Als Basis dafür wird exemplarisch die Kraft von 100 kN als Referenzwert gewählt (angelehnt an [27, S. 122] [35]). Entsprechende Übersichtsdarstellungen folgen in Abb. 7.1 bis Abb. 7.4.

In Abb. 7.1 sind die erzeugten Kontaktflächenabdrücke für die MS-Druckmessfolie mit einer Last von 100 kN dargestellt. Für die Positionen $\eta = -2{,}5\ \mathrm{mm}$ sowie $\eta = -1{,}5\ \mathrm{mm}$ liegen keine simulativen Ergebnisse vor, da die Simulationen auf Grund von numerischen Instabilitäten abgebrochen sind. Werden die Kontaktflächenabdrücke miteinander verglichen, so wird deutlich, dass die Verschiebung des Kontaktabdrucks zwischen den Experimenten und den Simulationen übereinstimmt. Die Veränderung der Kontaktflächengeometrie ist in den experimentell erzeugten Abdrücken nur bedingt erkennbar, was auf die rauen inhomogenen Oberflächen der Kontaktkörper zurückgeführt wird. Darüber hinaus kann die Formabweichung teilweise auf die Fertigungstoleranzen der Abstandsplatte und einer damit einhergehenden geringfügen Verschiebung des Kontaktpunktes und damit der Form des resultierenden Kontaktabdrucks zurückgeführt werden.

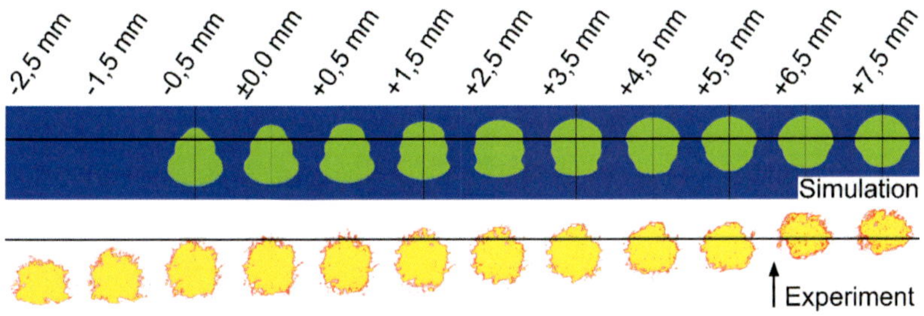

Abb. 7.1: Simulativ und experimentell bestimmte Kontaktflächen für die MS-Druckmessfolie bei 100 kN Last (nicht maßstäblich)

In Abb. 7.2 ist eine Übersicht der simulativ und experimentell mittels HS-Druckmessfolie bestimmten Kontaktflächen aufgeführt. Diese exemplarische Übersicht stellt den Lastfall von 100 kN dar, wobei die Simulation für die Position $\eta = -1{,}5\ \mathrm{mm}$ numerisch instabil wurde und damit abgebrochen ist. In der Abbildung ist die Veränderung des Kontaktpunkts durch die horizontale Verschiebung des Rades zur Schiene deutlich erkennbar. Darüber hinaus sind die durch die hohe Oberflächenrauheit entstehenden Leerstellen in den experimentellen Abdrücken zu erkennen. Die Veränderung der Geometrie der Abdrücke ist bei den Experimenten im Vergleich zu den Simulationen nur bedingt nachvollziehbar. Der Unterschied der Form wird anteilig auf die Fertigungstoleranzen der Abstandsplatte und einer damit einhergehenden geringfügen Verschiebung des Kontaktpunktes und damit der Form des resultierenden Kontaktabdrucks zurückgeführt.

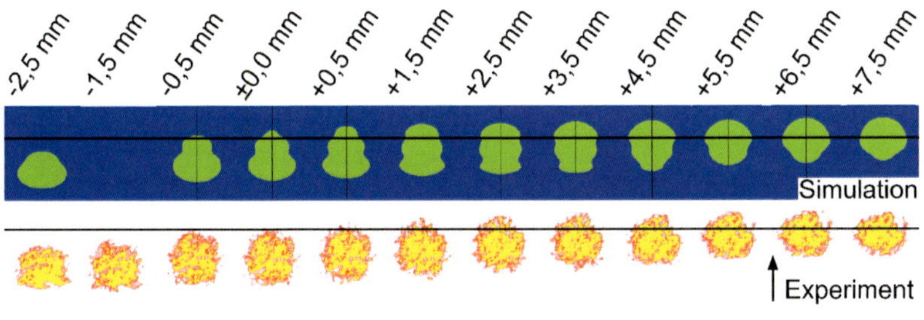

Abb. 7.2: Simulativ und experimentell bestimmte Kontaktflächen für die HS-Druckmessfolie bei 100 kN Last (nicht maßstäblich)

Die erzeugten Kontaktflächenabdrücke für die HHS-Druckmessfolie sind in Abb. 7.3 ersichtlich, wobei für die Position $\eta = -1{,}5\ \mathrm{mm}$ kein simulatives Ergebnis vorliegt, da die Simulation auf Grund von numerischen Instabilitäten abgebrochen ist. Wie auch im Fall der MS- und HS-Druckmessfolien ist bei den Experimenten und bei den Simulationsergebnissen die Veränderung der Kontaktposition in Folge der horizontalen Verschiebung des Rades zur Schiene deutlich erkennbar. Die in den Simulationen identifizierte Veränderung der Geometrie der Kontaktabdrücke ist nicht in den experimentellen Ergebnissen darstellbar, was auf die sehr inhomogene raue Oberfläche der

Kontaktpartner zurückgeführt wird. Wie auch bei der Abb. 7.1 und Abb. 7.2 werden die Formabweichungen anteilig auf die Fertigungstoleranzen der Abstandsplatte und einer damit einhergehenden geringfügen Verschiebung des Kontaktpunktes und damit der Form des resultierenden Kontaktabdrucks zurückgeführt.

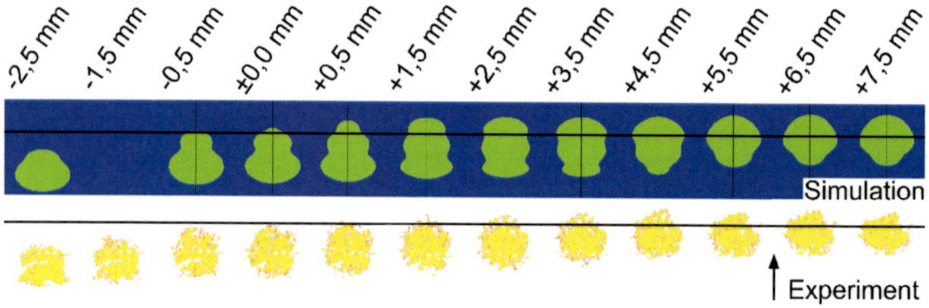

Abb. 7.3: Simulativ und experimentell bestimmte Kontaktflächen für die HHS-Druckmessfolie bei 100 kN Last (nicht maßstäblich)

In Abb. 7.4 sind die experimentellen und simulativ bestimmten Kontaktflächen für das Kohlepapier bei einer Last von 100 kN dargestellt. Simulative Ergebnisse für die Positionen $\eta = -0{,}5\ \mathrm{mm}$ sowie $\eta = \pm 0{,}0\ \mathrm{mm}$ liegen nicht vor, da die Simulationen auf Grund von numerischen Instabilitäten abgebrochen sind. Die Veränderung der Kontaktflächenposition bei der Untersuchung des Kohlepapiers ist in den simulativen und experimentellen Ergebnissen deutlich erkennbar, ähnlich wie bei den Druckmessfolien. Weiterhin sind die veränderten Kontaktflächengeometrien bei den experimentell erzeugten Abdrücken nicht erkennbar, was ebenfalls auf die sehr inhomogenen rauen Oberflächen sowie Fertigungstoleranzen der Abstandsplatte und damit einhergehenden geringfügigen Verschiebung des Kontaktpunktes zurückgeführt wird.

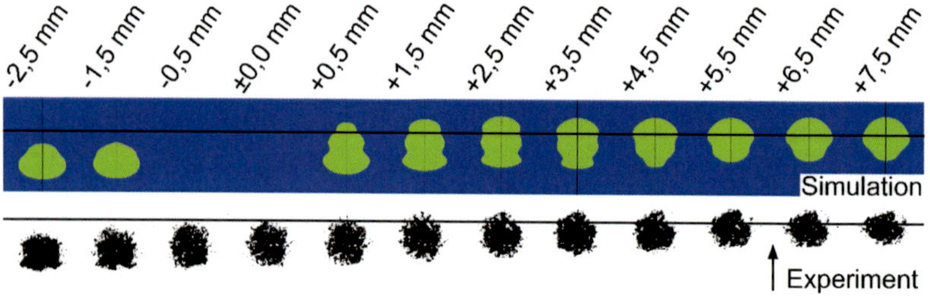

Abb. 7.4: Simulativ und experimentell bestimmte Kontaktflächen für das Kohlepapier bei 100 kN Last (nicht maßstäblich)

Basierend auf den vorherigen Ergebnissen, kann die Erkenntnis abgeleitet werden, dass die hohe inhomogene Oberflächenrauheit sowie Fertigungstoleranzen der Abstandsplatte und damit einhergehenden geringfügigen Verschiebung des Kontaktpunktes zu Abweichungen zwischen den experimentell und den simulativ ermittelten Ergebnissen führt. Im nachfolgenden Kapitel 7.2 wird auf die Thematik der hohen Oberflächenrauheiten näher eingegangen.

7.2 Untersuchung der Abweichungen zwischen simulativen und experimentellen Ergebnissen

Die hohen prozentualen Abweichungen zwischen den simulativ und experimentell bestimmten Kontaktflächen bedürfen einer näheren Betrachtung und Analyse der möglichen Ursachen. In Kapitel 7.1 sind die Unterschiede zwischen den simulativen und experimentell erzeugten Abdrücken u. a. auf die sehr inhomogene raue Oberfläche zurückgeführt worden. Abb. 7.5 stellt mehrere Ausschnitte der Oberfläche des gelaufenen Rades dar.

Abb. 7.5: Oberfläche des verwendeten gelaufenen Rades (nicht maßstäblich)

In Abb. 7.6 sind mehrere Ausschnitte der Oberfläche der neuen Schiene dargestellt.

Abb. 7.6: Oberfläche der verwendeten Schiene (nicht maßstäblich)

Deutlich sind in der Abb. 7.5 und Abb. 7.6 die inhomogenen rauen Oberflächen[39] zu erkennen. Bei Betrachtung der Abb. 7.7 in Kombination mit der Abb. 7.5, Abb. 7.6 und der Geometrie der Prüfkörper (siehe Kapitel 4.1) wird deutlich, dass durch die wirkenden hohen Belastungen, die inhomogene Oberflächenrauheit der Prüfkörper sowie die Geometrie der Prüfkörper eine Deformation der Druckmessfolien im Bereich des Kontaktpunkts erfolgt.

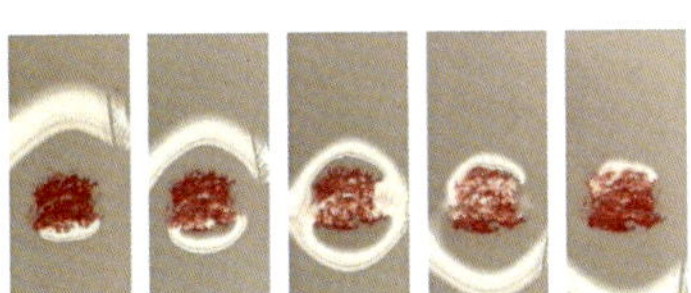

Abb. 7.7: Lichtreflexion infolge der Deformierung der Druckmessfolie durch die Erzeugung eines Kontaktabdruckes (nicht maßstäblich)

Die in Kapitel 4.2 beschriebenen Leerstellen in den experimentell erzeugten Abdrücken, in Kombination mit der sehr inhomogenen rauen Oberflächengeometrie des gelaufenen Rades und der hohen Oberflächenrauheit, führen zu der Fragestellung, inwieweit eine homogene niedrige Oberflächenrauheit ggf. andere Ergebnisse erzielt. Für die Beantwortung dieser Frage erfolgt in Abb. 7.8 eine erweiterte Betrachtung der

---

[39] Rauigkeitswerte aus der Kontaktzone sind in Kapitel 4.1 beziffert.

experimentellen Ergebnisse. Hierfür wird zunächst eine erneute Digitalisierung experimenteller Ergebnisse unter Verwendung eines transparenten Millimeterpapiers vorgenommen. Werden die so erzeugten Scans um Ellipsen erweitert, welche die konkrete Kontaktfläche approximieren, kann eine Abschätzung zur Auswirkung der Oberflächenrauheit erfolgen. Damit kann eine Aussage zur experimentell ermittelten Kontaktfläche in Abhängigkeit von einer niedrigeren Oberflächenrauheit getroffen werden.

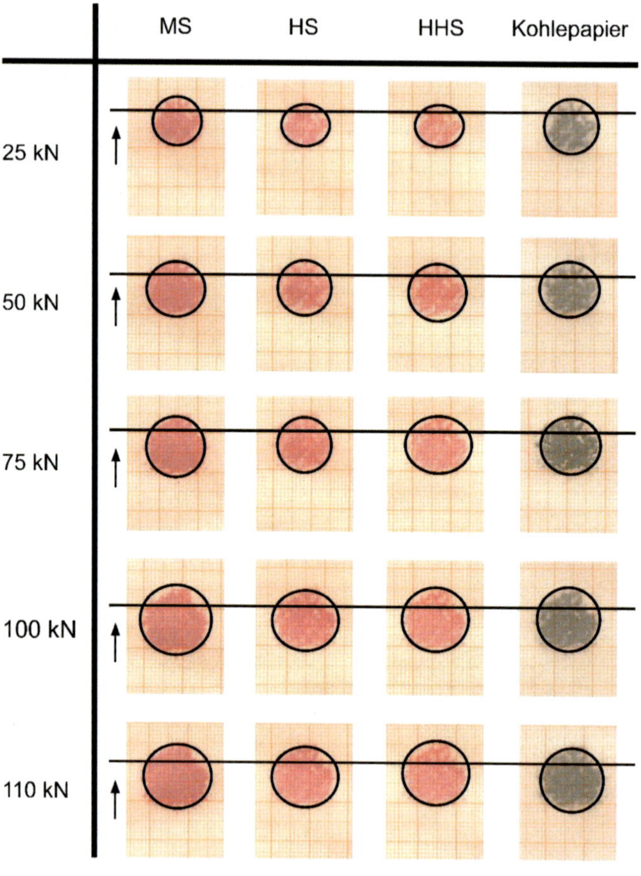

Abb. 7.8: *Experimentelle Ergebnisse der Position $\eta = +4{,}5\ mm$ mit ergänzender Ellipse für die approximierte Kontaktflächengeometrie*

Die Verwendung von Millimeterpapier ermöglicht das direkte Ablesen der Maße der Ellipsen, wodurch der Flächeninhalt entsprechend berechnet werden kann. Der so bestimmte Flächeninhalt der Ellipsen wird in Tabelle 7.3 aufgeführt. Für weitere Kontaktsituationen sind die bestimmten Flächeninhalte im Anhang in Tabelle A.39 bis Tabelle A.49 aufgelistet.

Tabelle 7.3: Flächeninhalt in mm² der approximierten Geometrie sowie der experimentell bestimmten Abdrücke für die Position $\eta = +4{,}5\ mm$

	Approximierter Flächeninhalt			
Kraft	**MS**	**HS**	**HHS**	**Kohlepapier**
25 kN	139,34	120,94	120,94	172,15
50 kN	184,98	172,67	190,72	189,60
75 kN	201,57	173,12	216,40	196,08
100 kN	279,73	229,99	241,73	229,55
110 kN	245,94	229,99	241,73	229,55

	Experimentell bestimmter Flächeninhalt			
Kraft	**MS**	**HS**	**HHS**	**Kohlepapier**
25 kN	125,00	108,33	64,33	88,63
50 kN	166,00	153,00	105,67	114,56
75 kN	191,00	180,33	136,67	139,32
100 kN	214,67	201,00	159,33	163,97
110 kN	224,00	208,67	165,67	168,58

Bei Betrachtung der in Tabelle 7.4 verzeichneten prozentualen Abweichungen zwischen der approximierten ellipsenförmigen Geometrie und den simulativ bestimmten Kontaktflächen wird deutlich, dass diese zum Teil erheblich geringer sind als die mittels Tabelle 7.1 bestimmbaren Abweichungen. Die in Tabelle 7.1 aufgeführten Werte listen die experimentell bestimmten Kontaktflächen und der simulativ bestimmten Kontaktflächen auf. Diese Differenzen in den Kontaktflächengrößen werden von der MS- zur HHS-Druckmessfolie geringer. Die Abweichungen bei der experimentellen und simulativen Untersuchung des Kohlepapiers liegen zwischen den Abweichungen der HS- und der HHS-Druckmessfolie. Bereits in Kapitel 4.3 wurde auf die Diskrepanz eingegangen, dass bei den Abdrücken der HHS-Druckmessfolie mehr Leerstellen im Vergleich zur MS- und HS-Druckmessfolie vorkommen. Diese Erkenntnis geht ebenso aus der Abb. 7.8 hervor.

Tabelle 7.4: Übersicht der prozentualen Abweichungen zwischen der approximierten ellipsenförmigen Geometrie und den simulativ bestimmten Kontaktflächengrößen für die Position $\eta = +4{,}5\ mm$

Kraft	**MS**	**HS**	**HHS**	**Kohlepapier**
25 kN	34 %	24 %	17 %	-19 %
50 kN	37 %	17 %	-2 %	0 %
75 kN	42 %	32 %	5 %	16 %
100 kN	29 %	21 %	8 %	15 %
110 kN	40 %	24 %	12 %	19 %

Die geringeren Abweichungen zwischen der approximierten Geometrie der Experimente und der simulativ bestimmten Geometrie lassen darauf schließen, dass die sehr inhomogene raue Oberfläche der Kontaktkörper und die dadurch entstehenden Leerstellen einen wesentlichen Einfluss auf die Ergebnisse haben. Demnach wird angenommen, dass die Abweichungen zwischen den experimentell und simulativ bestimmten Kontaktflächen deutlich geringer ausfallen würden, wenn die Oberflächen der Kontaktpartner eine geringere stochastisch verteilte Oberflächenrauheit aufweisen. Exemplarisch sind in Abb. 7.9 die experimentell als auch die approximierten ellipsenförmigen Abdrücke und die simulativ bestimmten Kontaktflächenabdrücke für die HHS-Druckmessfolie visualisiert. Durch den hohen Schwellwertdruck (vgl. Tabelle 2.4) für die HHS-Druckmessfolien liegt in den experimentellen Abdrücken eine entsprechend große Anzahl an Leerstellen vor, wodurch die Kontaktflächendarstellung der simulativen Untersuchung und die Approximationen mittels Ellipsen eine validere Annäherung aufweisen (siehe Tabelle 7.4). Es ist festzuhalten, dass die elliptische Fläche eine sehr starke Vereinfachung der realen Kontaktfläche darstellt. Für die MS- und HS-Druckmessfolien sowie für das Kohlepapier wurden äquivalente Untersuchungen durchgeführt. Die Abbildungen dazu sind im Anhang (Abb. A 3 bis Abb. A 5) zu finden.

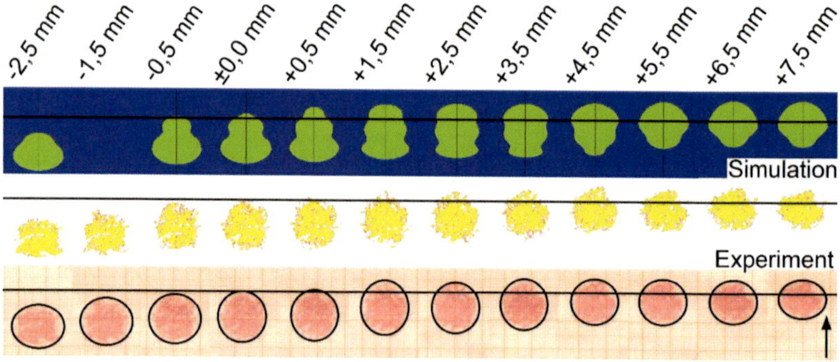

Abb. 7.9: Simulativ und experimentell bestimmte Kontaktflächen sowie Darstellung der approximierten ellipsenförmigen Geometrie für die HHS-Druckmessfolie bei einer Last von 100 kN (nicht maßstäblich)

Zusätzlich zu der Identifikation der inhomogenen Oberfläche, werden die durchgeführten Simulationen und Experimente geprüft, um weitere Fehlerquellen zu identifizieren. Im Rahmen der Experimente sind 12 verschiedene Positionen (siehe Tabelle 4.2) des Rades zur Schiene betrachtet worden. Die Abdrücke für die drei Druckmessfolientypen sowie für das Kohlepapier sind für jede Position nacheinander erzeugt worden, sodass ausgeschlossen werden kann, dass Inkonsistenzen bei der Positionierung vom Rad zur Schiene vorliegen. Mögliche Inkonsistenzen in der Positionierung wären auch über auftretende Sprünge der erzeugten Kontaktabdrücke zur Schienenachse sowie durch stark abweichende Kontaktflächengeometrien (im Vergleich zu den umgebenden Positionen) erkennbar. Eine weitere Möglichkeit für die hohen Abweichungen stellt das Alter der verwendeten Chargen der Druckmessfolien dar. Um das Alter als Ursache für die Abweichungen ausschließen zu können, werden die Kontaktabdrücke zweier Chargen zur Verifizierung der Ergebnisse ausgewertet. Die Untersuchungen erfolgen an der exemplarischen Position ($\eta = -2{,}5$ mm), wobei die verwendete Charge[40] (alte Charge) der MS-, der HS- und der HHS-Druckmessfolien mit einer anderen Charge (neue Charge) verglichen wird. Alle Chargen weisen unterschiedliche „späteste Verwendungsdaten“ auf, wobei diese jeweils eingehalten werden[41]. Die ermittelten Abweichungen zwischen den verwendeten Chargen liegen im Rahmen der erwartbaren und von FUJIFILM angegebenen Genauigkeit der Druckmessfolie[42]. Die Ergebnisse der entsprechenden Experimente sind in Tabelle 7.5 aufgelistet.

Tabelle 7.5: Übersicht der gemittelten Kontaktflächen in mm² für die Position $\eta = -2{,}5$ mm für die mit Druckmessfolien erzeugten Abdrücke

Druckmessfolie	**Kraft in kN**	**Kontaktfläche in mm² der alten Charge**	**Kontaktfläche in mm² der neuen Charge**
MS	25	116,0 ±0,0	116,7 ±0,7
	50	157,3 ±0,3	155,3 ±0,3
	75	181,3 ±0,3	179,3 ±0,8
	100	211,7 ±0,2	208,0 ±1,0
	110	228,0 ±0,5	227,3 ±0,3
HS	25	98,3 ±1,3	98,0 ±0,2
	50	139,0 ±0,5	138,3 ±0,3
	75	165,7 ±0,2	163,0 ±0,0
	100	188,0 ±0,0	185,3 ±0,2
	110	200,3 ±1,3	199,0 ±0,2
HHS	25	58,7 ±0,5	59,3 ±0,3
	50	97,3 ±0,3	98,0 ±0,0
	75	126,0 ±0,5	126,3 ±0,3
	100	145,7 ±0,3	146,7 ±0,2
	110	152,7 ±0,5	155,7 ±0,2

Die bestimmten Kontaktflächen in Tabelle 7.5 weisen nur sehr geringe Abweichungen auf (Angaben von FUJIFILM in [51, 52, 146]), sodass von einer validen Übertragbarkeit bei der Verwendung verschiedener Chargen ausgegangen werden kann. Werden die prozentualen Abweichungen hinzugezogen, so variieren diese zwischen 0,00 % und 1,84 % (siehe Tabelle A.38). Dementsprechend können Chargenfehler zur experimentellen Bestimmung des Rad-Schiene-Kontaktes als Ursache für Abweichungen ausgeschlossen werden.

---

[40] Die spätesten Verwendungsdaten für die alte Charge von Druckmessfolien waren November 2021 (HS, HHS) und März 2022 (MS). Die spätesten Verwendungsdaten für die neue Charge von Druckmessfolien waren Februar 2023 (HHS), März 2023 (HS) und Mai 2023 (MS).

[41] Die Versuche fanden im Zeitraum vom 12.07.2021 bis zum 02.12.2021 statt, wobei die Versuche mit der alten Charge am 30.11.2021 beendet waren.

[42] FUJIFILM beziffert die allgemeine Genauigkeit auf ± 10 % [51, 52, 146].

Eine weitere Möglichkeit für die Abweichungen zwischen den Simulationen und den Experimenten liegt in der Geometrie der Kontaktpartner. Die im Rahmen der Experimente verwendete neue Schiene weist ein 60E1-Profil auf. Für das entsprechende FEM-Modell ist die Profilgeometrie nach DIN EN 13674 [41] in das FE-Programm implementiert worden. Das Rad hingegen ist in einem gelaufenen Zustand, sodass die Geometrie mittels MiniProf-Profilmessgerät aufgenommen wurde. Es ist anzunehmen, dass die Geometrie des Rades über den gesamten Umfang nicht konstant ist, jedoch die Abweichungen nur sehr gering sind (siehe auch Kapitel 7.1, Abb. A 1 und Abb. A 2). Folglich wird angenommen, dass die Abweichungen zwischen der Geometrie der Kontaktpartner bei den Simulationen und Experimenten als vernachlässigbar gering angesehen werden können.

Somit ist davon auszugehen, dass die wesentliche Ursache der hohen Abweichungen zwischen den Simulationen und den Experimenten in der inhomogenen rauen Oberfläche der Kontaktpartner begründet liegt. Darüber hinaus können die Fertigungstoleranzen der Abstandsplatte (siehe Abb. 4.1 und Kapitel 7.1) zu einer Verschiebung des Kontaktpunktes und damit der Form des resultierenden Kontaktabdrucks geführt haben.

7.3 Vergleich der Ergebnisse in Bezug zur Arbeit von Kleiner

Neben einem Vergleich zwischen den simulativen und experimentellen Ergebnissen in Kapitel 7.1 sowie der Analyse der Abweichungen in Kapitel 7.2 erfolgt hier eine Bewertung der Ergebnisse im Vergleich zur Arbeit von Kleiner [27, S. 128]. Dieser erreichte im Rahmen eines Vergleichs zwischen simulativ und experimentell erzeugten Kontaktabdrücken Abweichungen von unter 25 %, die somit zum Teil deutlich unter den Abweichungen in dieser Arbeit liegen (siehe auch Tabelle 7.1). Zur Bewertung dieser Unterschiede erfolgt ein tabellarischer Vergleich zwischen den Rahmenbedingungen von Kleiner und der vorliegenden Arbeit.

Bei Betrachtung der Tabelle 7.6 wird deutlich, dass die im Rahmen dieser Arbeit verwendeten Schienen- und Radprofile sich von denen von Kleiner [27] betrachteten Profilgeometrien unterscheiden. Darüber hinaus nutzt Kleiner für den Vergleich der simulativen und den experimentellen Ergebnissen (Abbildung 7-14 in Kleiner [27, S. 128]) experimentelle Ergebnisse, die nicht mittels Software FPD-8010E ausgewertet wurden, sondern nur Scans der experimentell erzeugten Abdrücke. Zusätzlich ist in der Abbildung 7-11 der Arbeit von Kleiner [27, S. 126] (Darstellung experimenteller Ergebnisse) nur die Isobaren mit einem Wert von über 10 MPa „umrandet“, dadurch stellt dies nicht den „originalen“ Abdruck der Experimente dar. Entsprechend ist davon auszugehen, dass insbesondere die Rauheiten, welche einen erheblichen Einfluss auf den Abdruck haben, nicht dargestellt und damit auch nahezu vernachlässigt werden.

Tabelle 7.6: Vergleich der Rahmenbedingungen des Vergleichs von Kleiner [27, S. 128] und der Simulationen und Experimente unter Verwendung von Druckmessfolien in der vorliegenden Arbeit von Stratmann

Rahmenbedingung	Arbeit von Stratmann	Arbeit von Kleiner [27]
Simulation der Kontaktsituation	unter Berücksichtigung der Zwischenlage	ohne Berücksichtigung der Zwischenlage
Radprofil	gelaufenes Rad mit einem ursprünglichen S1002-Profil (Zustand kurz vor dem Neuprofilieren)	neues Rad mit einem S1002-Profil
Zustand des Rades	rau mit deutlich sichtbaren Verschleißerscheinungen (siehe Abb. 7.5)	Verwendung eines neuen Rades, welches zuvor neuprofiliert wurde und dadurch Drehriefen aufweist
Schienenprofil	60E1	60E2
Zustand der Schiene	neue Schiene (Zustand direkt nach der Fertigung) jedoch stark verrostet	unbekannter Zustand der Schiene welche geringfügig Rost aufweist
Betrachtete Druckmessfolie/n	MS, HS und HHS	unbekannt
Wirkende Last	25 kN, 50 kN, 75 kN, 100 kN, 110 kN	90 kN[43]

Zur Bewertung der Unterschiede zwischen den betrachteten Profilen erfolgt in Abb. 7.10 eine Berührpunktberechnung der in dieser Arbeit vorherrschenden Kontaktsituation. Ein Vergleich der bestimmten Berührungspunkte der Kontaktsituation von Kleiner (siehe Abb. 2.7 bzw. Abb. 2.8) und der in dieser Arbeit vorliegenden Kontaktsituation (siehe Abb. 7.10) zeigt deutlich die unterschiedlichen Berührpunkte in Abhängigkeit der horizontalen Verschiebung auf. Wird angenommen, dass Kleiner [27] ein neues S1002-Radprofil mit einem $e = 32{,}5\ \mathrm{mm}$ und $h = 32\ \mathrm{mm}$ (nach [42]) und einem neuen 60E2-Schienenprofil (Schieneneinbauneigung von 1:40) für seine Experimente und Simulationen verwendet hat (Abb. 2.7), so kann zum Teil die Unterschiede zwischen den im Rahmen der Arbeit von Kleiner und dieser Arbeit durchgeführten Simulationen und Experimente hergeleitet werden. Bei dem angenommenen S1002-Radprofil und einem neuen 60E2-Schienenprofil führen geringste Verschiebungen von Rad und Schiene nur zu geringen Verschiebungen des Kontaktpunktes (siehe

[43] Kleiner hat keine Angabe zur Kraft in Bezug auf die Abbildung 7-14 seiner Arbeit getätigt. Für die Abbildung 7-11 seiner Arbeit beziffert er die aufgebrachte Kraft mit 90 kN [27].

Abb. 2.7). Im Gegensatz dazu führen geringe Änderungen der Position oder der Schieneneinbauneigung bei dem in dieser Arbeit verwendeten Kontaktpartnern zu erheblichen Verschiebungen des Kontaktpunktes (siehe Abb. 7.10). Entsprechend erheblich unterscheiden sich die Auswirkungen von Fertigungstoleranzen auf die Kontaktposition und damit die Form der Kontaktabdrücke zwischen der Arbeit von Kleiner [27, S. 128] und den Ergebnissen dieser Arbeit.

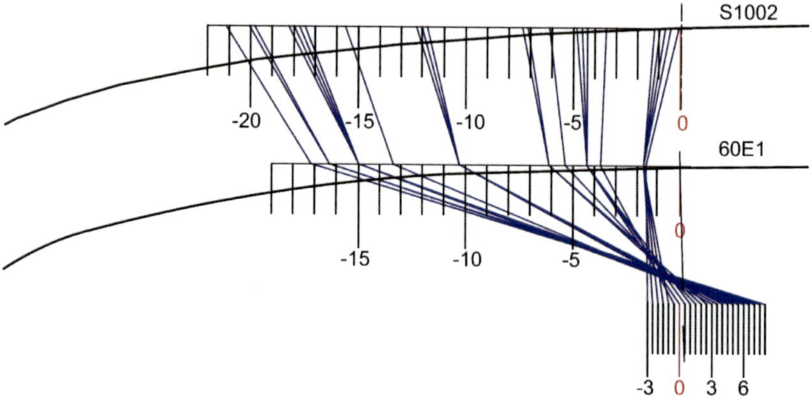

Abb. 7.10: Darstellung der theoretischen Kontaktpunkte mit verwendetem gelaufenen S1002 Radprofil (siehe Abb. 4.2*) und einem neuen 60E1-Schienenprofil (nicht maßstäblich)*

7.4 Vergleich des entwickelten HS-Druckmessfolienmodells mit dem Modell von Lekue

Eines der Ziele dieser Arbeit ist es, ein Materialmodell für die HS-Druckmessfolie zu entwickeln, welches geringere prozentuale Abweichungen als das Materialmodell von Lekue [14, 60] aufweist. Mit Hertz'schen Körpern beträgt die Abweichung des Modells von Lekue maximal 15 % (Tabelle 5.18). Im Vergleich dazu hat das hier entwickelte Materialmodell eine Abweichung von nur 7 % (Tabelle 5.14). Für einen spezifischeren Vergleich zwischen dem in Kapitel 5.3.2 vorgestellten Druckmessfolienmodell und dem Modell von Lekue ist zunächst das Materialmodell von Lekue auf den gleichen Rad-Schiene-Kontakt mit denselben simulativen Randbedingungen anzuwenden, wie es für das hier entwickelte Modell beschrieben worden ist (siehe Kapitel 5). Das linear-elastische Materialmodell von Lekue besitzt ein Elastizitätsmodul von $E = 210.000\ \mathrm{MPa}$, eine Poissonzahl von $\nu = 0{,}3$ und einen Reibungskoeffizienten von $\mu = 0{,}4$ [14, S. 78] [60]. Bevor dieses Materialmodell in das Modell des Rad-Schiene-Kontaktes implementiert werden kann, wird zuvor nach dem Vorgehen aus Kapitel 5.2 die entsprechende Abstands-Druck-Kurve bestimmt. In Abb. 7.11 sind die Abstands-Druck-Kurven für das Materialmodell von Lekue sowie für das in Kapitel 5.3.2 entwickelte Druckmessfolienmodell im Vergleich dargestellt. Die Abstands-Druck-Kurven unterscheiden sich nur sehr geringfügig voneinander. Die größte Abweichung ergibt sich zwischen diesen beiden Modellen um eine Belastung von ca. 50 MPa.

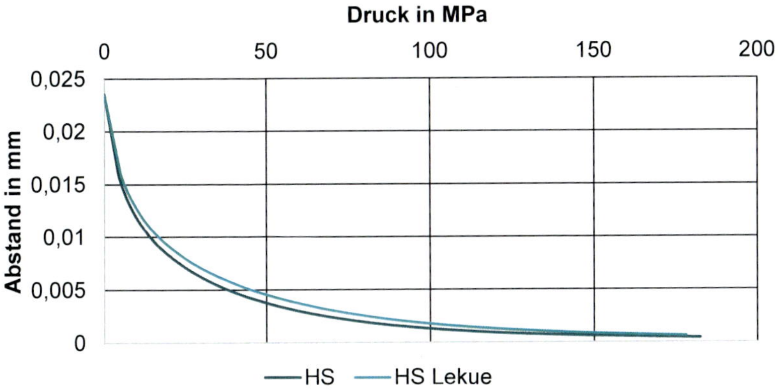

Abb. 7.11: Vergleich der resultierenden Abstands-Druck-Kurven für das Materialmodell von Lekue mit dem in Kapitel 5.3.2 entwickelten Materialmodell

Die auf der Abstands-Druck-Kurve und dem Materialmodell von Lekue aufbauenden Kontaktflächen und die Abweichungen zu den Experimenten sind für die Position $\eta = +4{,}5\ \mathrm{mm}$ in Tabelle 7.7 aufgeführt. Die simulativ mit Hilfe des HS-Druckmessfolien-Materialmodells von Lekue [14, 60] bestimmten Kontaktflächengrößen für die weiteren Kontaktpositionen sind im Anhang in der Tabelle A.26 bis Tabelle A.37 aufgelistet.

Tabelle 7.7: Übersicht der mit dem HS-Modell von Lekue simulativ bestimmten Kontaktflächen, der experimentell bestimmten Kontaktflächen sowie der prozentualen Abweichungen zu den experimentellen Ergebnissen für die Position $\eta = +4{,}5\ mm$

Kraft in kN	**Experimentell bestimmte Kontaktfläche in mm²**	**Simulativ bestimmte Kontaktfläche in mm²**	**Abweichung in %**
25	108,3	160,4	32
50	153,0	210,4	27
75	180,3	256,6	30
100	201,0	292,7	31
110	208,7	305,6	32

Werden die ermittelten Abweichungen (Tabelle 7.7) für das Modell von Lekue mit den bestimmbaren Abweichungen für die HS-Druckmessfolie aus Tabelle 7.1 verglichen, so liegen die prozentualen Abweichungen in der gleichen Größenordnung. Für einen detaillierten Vergleich sind in Abb. 7.12 die simulativ bestimmten Kontaktflächen für das von Lekue (a)) und das in dieser Arbeit entwickelte (b)) HS-Materialmodell neben den experimentell bestimmten Kontaktflächen (c)) dargestellt.

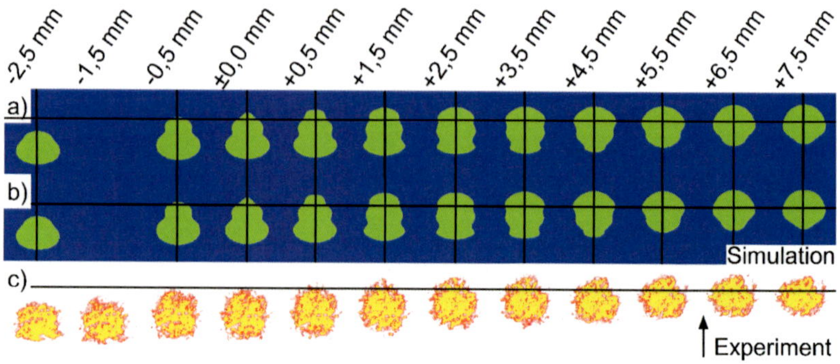

Abb. 7.12: Simulativ mit dem Materialmodell von a) Lekue [14] bzw. b) mit dem in dieser Arbeit entwickelten Materialmodell und c) experimentell bestimmte Kontaktflächen für die HS-Druckmessfolie bei 100 kN Last (nicht maßstäblich)

Aus dem Vergleich in Abb. 7.12 sowie Tabelle 7.1 mit Tabelle 7.7 geht hervor, dass marginale Abweichungen zwischen den simulativ bestimmten Kontaktflächen für die zwei HS-Druckmessfolien-Materialmodelle vorhanden sind. Somit kann das in dieser Arbeit entwickelte Materialmodell mit dem von Lekue [14, 60] entwickelten Materialmodell als vergleichbares und validiertes Materialmodell für die HS-Druckmessfolie betrachtet werden, wobei das hier entwickelte Materialmodell im Hertz'schen Kontakt geringere prozentuale Abweichungen aufweist.

7.5 Eingrenzung der Anwendbarkeit der Verfahren

Zur Beurteilung der Anwendbarkeit der hier verwendeten Verfahren bzw. Methoden sind die verschiedensten Aspekte zu beachten. Sie werden im Folgenden aufgelistet und anschließend detailliert erläutert:

- Leerstellen in den experimentell erzeugten Kontaktabdrücken
- Inhomogene Oberflächenrauheiten
- Detaillierungsgrad der Kontaktkörper im FEM

Im Rahmen einer standardisierten und automatisierten Auswertung der Abdrücke der Druckmessfolie bzw. des Kohlepapiers ist zu berücksichtigen, dass nur die Flächen als „in Kontakt befunden“ ausgewertet werden, welche einen Abdruck aufweisen (siehe auch Kapitel 4.2). Treten Leerstellen auf, das heißt Bereiche, in denen kein Abdruck entstanden ist (siehe auch Abb. 4.7 bis Abb. 4.8), wird dieser Bereich bei der Auswertung der Kontaktfläche nicht berücksichtigt [147].

Die vorhandenen Leerstellen sind im direkten Vergleich zu den Simulationsergebnissen einer FEM-Simulation problematisch, da sie in der FEM-Simulation nicht entstehen. Dadurch entspricht die resultierende Fläche in der FEM nicht der experimentell bestimmten Fläche. Diese Problematik kann durch eine geringe Oberflächenrauheit bzw. eine homogene Oberflächenrauheit und hohe wirkende Drücke reduziert werden (siehe auch Kapitel 7.2 und Stratmann et al. [33]). Allgemeingültige Grenzwerte können nicht angegeben werden, da diese unter anderem von den Materialien der Kontaktpartner sowie von den verwendeten Druckmessfolien bzw. von dem Kohlepapier abhängig sind (siehe auch [79] [80, S. 46f]).

Ein Vergleich verschiedener erzeugter Abdrücke ist in Abb. 4.7 (Kapitel 4) dargestellt. In der Abbildung ist die Reduzierung der zuvor als problematisch beschriebenen Leerstellen mit zunehmender Kraft zu erkennen. Zugleich reduzieren sich die Leerstellen bei der Verwendung von Druckmessfolien mit einem geringeren Schwellwertdruck. Somit sind für einen Abgleich von Experiment und Simulation hohe Kräfte in Kombination mit einer geringen homogenen Oberflächenrauheit, kombiniert mit einer Druckmessfolie mit einem geringen Schwellwertdruck, zu empfehlen. Ein exemplarischer Vergleich der Simulationsergebnisse mit den experimentellen Ergebnissen ist in Kapitel 7.1 enthalten.

Für die simulative Nachbildung der Kontaktsituationen wird ein möglichst genaues Abbild der betreffenden Kontaktkörper benötigt. Für ein solches Abbild kann z. B. ein 3D-Scan der jeweiligen Kontaktzone erzeugt werden, sodass die entsprechenden Kontaktkörper nachmodelliert werden können. Erforderlich ist die exakte Positionierung der Kontaktkörper in der Simulation im Vergleich zur Realität, um die systematischen Abweichungen möglichst gering zu halten. Darüber hinaus haben die Netzfeinheit sowie der Detaillierungsgrad der Modelle einen wesentlichen Einfluss auf die Genauigkeit der im Rad-Schiene-Kontakt mittels Simulation bestimmten Kontaktfläche [3]. Aus diesem Grund ist bei der Erzeugung entsprechender FE-Modelle ein besonderes Augenmerk auf die Detailliertheit des Modells zu legen. Es ist nachgewiesen, dass FEM-Simulationen sich sehr gut eignen, den Rad-Schiene-Kontakt nachzubilden, wenn ein hinreichender Detaillierungsgrad berücksichtigt wird [3, 14, 27].

Die mittels Druckmessfolien bzw. Kohlepapier erzeugten Kontaktabdrücke weisen eine hohe Wiederholgenauigkeit auf. Außerdem überschätzen die eingesetzten Druckmessfolien wie auch das Kohlepapier die Kontaktflächengröße systematisch (siehe Kapitel 2.2.2). Durch die vorhandene Inhomogenität der Oberflächenrauheit ist es nicht möglich, Korrekturfaktoren anhand der vorliegenden Ergebnisse zu bestimmen. Unabhängig davon können beide experimentelle Verfahren gleichwertig zur Bestimmung des Rad-Schiene-Kontaktes eingesetzt werden. Die Verwendbarkeit von Druckmessfolien im Rad-Schiene-Kontakt wurde bereits von Kleiner [27] und Dörner [3] nachgewiesen. Auf Grund der erheblichen Kosten für den Erwerb von Druckmessfolien und der für die Auswertung nötigen Software sowie der Hardware ist die Verwendung von Kohlepapier zur Bestimmung des Rad-Schiene-Kontaktes zu empfehlen.

Die experimentellen und simulativen Ergebnisse dieser Arbeit lassen den Schluss zu, dass Kohlepapier äquivalent zu Druckmessfolien verwendet werden kann. Eine Bestimmung der Kontaktflächengröße und -form ist mit beiden Verfahren gleichwertig möglich. Insbesondere die Verwendung von Kohlepapier bringt Kostenvorteile gegenüber der Verwendung von Druckmessfolien. Durch die Vergleichbarkeit der experimentellen Ergebnisse beider Verfahren können diese jeweils als Basis für die Validierung von Simulationen herangezogen werden. Zur Steigerung der Vergleichbarkeit sowie Robustheit der Versuchsdurchführung ist im Zuge der Validierung der simulativen Ergebnisse anhand von Druckmessfolie oder Kohlepapier auf eine möglichst geringe Oberflächenrauheit zu achten. Ebenso stellt eine homogene Oberflächenstruktur einen weiteren Aspekt dar, der einen direkten Einfluss insbesondere auf die Vermeidung von Leerstellen bei der Abdrucknahme des Rad-Schiene-Kontaktes hat.

8 Zusammenfassung und Ausblick

Die Bestimmung des Kontaktes zweier Körper kann sowohl durch Simulationen als auch durch Experimente erfolgen. Die verwendeten Methoden zur Bestimmung des jeweiligen Kontaktes hängen von der Kontaktsituation sowie von den örtlichen Randbedingungen ab. Dabei stellt der Kontakt zwischen Rad und Schiene im Schienenfahrzeugsektor eine Besonderheit dar, weil Belastungen von ca. 1.000 MPa [3, S. 1] auf einer Kontaktfläche von ca. 1-3 cm² [36] wirken. Die simulative Nachbildung der experimentell untersuchten Rad-Schiene-Kontakt-Situationen bedarf der ausreichend genauen Modellierung der Kontaktkörper. Darüber hinaus werden entsprechende Materialmodelle für die genannten Kontaktkörper zur simulativen Evaluierung benötigt, welche für Rad und Schiene vorliegen und verifiziert sind. Im Zuge der simulativen Nachbildung von experimentellen Untersuchungen der Rad-Schiene-Kontaktfläche, welche anhand von Druckmessfolien und Kohlepapier in Kombination mit herkömmlichem Papier ermittelt wurden, sind verschiedene Materialmodelle entwickelt worden. Aktuell liegt ein linear-elastisches Materialmodel von Lekue [14, 60] für die HS-Druckmessfolie vor. Für die MS-, HS- und HHS-Druckmessfolien ist zudem ein elasto-plastische Materialmodell von Dörner [3] existent. Elasto-plastische Materialmodelle neigen tendenziell häufiger zu numerischen Instabilitäten und benötigen eine längere Rechenzeit als linear-elastische Materialmodelle, weshalb letztere zu bevorzugen sind. Für die Simulation von Rad-Schiene-Kontakten unter Berücksichtigung von Kohlepapier liegt kein entsprechend validiertes Materialmodell vor.

Das Ziel dieser Arbeit war die Untersuchung der Forschungshypothese, wonach es möglich ist, elasto-plastische Materialmodelle für die MS-, HS- und HHS-Druckmessfolien sowie ein Materialmodell für Kohlepapier zu erarbeiten. Diese Materialmodelle dienen der Beantwortung der Frage, wie effektiv die Verwendung von Kohlepapier zur Untersuchung des Rad-Schiene-Kontakts im Vergleich zur Nutzung von Druckmessfolien ist. Hierzu wurden entsprechende Materialmodelle entwickelt und experimentelle Untersuchungen am Rad-Schiene-Kontakt unter Berücksichtigung der verschiedenen Zwischenlagen durchgeführt. Die basierend auf den Materialmodellen durchgeführten Simulationen dienten der Validierung. Die Simulationen und Experimente verfügten über die gleiche Kontaktsituation.

Zu Beginn dieser Arbeit erfolgte die experimentelle Untersuchung des Rad-Schiene-Kontakts, wobei zuerst ein entsprechender Prüfaufbau entwickelt wurde. Mit dem Prüfaufbau ist es möglich, quasistatische Versuche zur Bestimmung des Rad-Schiene-Kontakts durchzuführen. Zur Kontaktbestimmung wurden Experimente mit Hilfe von MS-, HS- und HHS-Druckmessfolien wie auch mit Kohlepapier durchgeführt, welche der Bestimmung der Größe und Geometrie der resultierenden Kontaktflächen dienen. Diese Kontaktabdrücke wurden digitalisiert und die Kontaktflächengrößen bestimmt. Es zeigte sich, dass die experimentell bestimmten Kontaktflächengrößen von der MS-Druckmessfolie über die HS-Druckmessfolie bis zur HHS-Druckmessfolie abnehmen. Diese Abnahme der detektierten Kontaktflächengröße kann auf den Schwellwert (Tabelle 2.4) der jeweiligen Druckmessfolie zurückgeführt werden, weshalb mit Hilfe der MS-Druckmessfolie der größte Kontaktabdruck und mittels HHS-Druckmessfolie der kleineste Kontaktabdruck der gleichen Kontaktsituation erzeugt wird. Vergleichbare Zusammenhänge wurden ebenso in vorhergehenden Untersuchungen aufgezeigt (siehe [3, 14, 57, 59]). Zugleich wurde herausgearbeitet, dass eine sehr raue und inhomogene Oberfläche zu diskontinuierlich gefüllten Kontaktflächenabdrücken – Leerstellen – führt. Dieser Effekt wurde ebenfalls in Experimenten weiterer Arbeiten [3, 35, 36, 55] beobachtet und zeigte sich konsistent innerhalb der Untersuchungen. Entsprechende Leerstellen traten sowohl bei Untersuchungen mit Druckmessfolien wie auch mit Kohlepapier auf. Durch die experimentellen Untersuchungen konnte zudem festgestellt werden, dass bei der Verwendung von Druckmessfolie und Kohlepapier nahezu dieselben Kontaktabdrücke entstehen. Die Abweichungen zwischen den einzelnen Abdrücken liegen für die exemplarische Position von $\eta = 4{,}5\ \mathrm{mm}$ bei 0,00 %-1,71 %, sodass beide Methoden äquivalent verwendet werden können.

Im Rahmen dieser Arbeit erfolgte zunächst die Bestimmung der Materialparameter für glatte Hertz'sche Kontaktsituationen. Dafür wurden die von Lekue [14] experimentell bestimmten Kontaktflächengrößen Hertz'scher Kontakte verwendet. Mittels automatischer Parametervariation durch die Optimal Latin-Hypercube-Methode war es möglich, für alle drei einlagigen Druckmessfolien elasto-plastische Materialparameter für die FE-Simulationen zu bestimmen. Die Abweichungen im nahezu glatten Hertz'schen Kontakt für das HS-Druckmessfolien-Materialmodell liegen bei maximal 7,61 % und somit unter der Abweichung des von Lekue [14, 60] erarbeiteten Materialmodells (15 %). Die ermittelten Materialparameter sollten anschließend für die Bestimmung der zugehörigen Abstands-Druck-Kurven verwendet werden. Bei den dafür durchgeführten Simulationen traten jedoch numerische Instabilitäten auf, weshalb keine Simulationen des rauen Rad-Schiene-Kontaktes mit elasto-plastischen Materialmodellen der Druckmessfolien durchgeführt werden konnten. Infolgedessen wurde der Ansatz verfolgt linear-elastische Materialmodelle für die drei Druckmessfolientypen zu entwickeln. Diese Entwicklung war erfolgreich und im Fall des HS-Druckmessfolien-Materialmodell liegen die Abweichungen im nahezu glatten Hertz'schen Kontakt bei maximal 7 % und somit unter der Abweichung des von Lekue [14, 60] erarbeiteten Materialmodells (15 %). Die ermittelten Materialparameter wurden anschließend für die simulative Nachbildung des rauen Rad-Schiene-Kontaktes (Schiene $R_a = 6$; Rad $R_a = 2$) genutzt. Dafür wurden zuerst Abstands-Druck-Kurven für die Berücksichtigung der Oberflächenrauheit für alle drei Materialmodelle bestimmt, sodass diese inklusive der dazugehörigen Materialparameter in die entsprechenden FE-Modelle implementiert wurden. Anschließend erfolgte die simulative Bestimmung des Rad-Schiene-Kontaktes mit eingelegter Druckmessfolie. Es konnten somit Materialmodelle für die drei verschiedenen Druckmessfolientypen identifiziert werden. Diese wurden zur simulativen Kontaktflächenbestimmung im Rad-Schiene-Kontakt herangezogen, sodass simulativ verschiedene Rad-Schiene-Kontaktflächenpositionen bestimmt werden konnten.

Im Anschluss an die Simulation von Druckmessfolien wurde die simulative Nachbildung des Rad-Schiene-Kontaktes mit Kohlepapier als Zwischenschicht vorgenommen. Zu dem Zweck wurde zuerst ein linear-elastisches Materialmodell berechnet, welches um Abstands-Druck-Kurven für die Simulation des Rad-Schiene-Kontaktes erweitert wurde.

Ein systematischer Vergleich zeigt nur mäßige Übereinstimmungen zwischen den simulativ bestimmten Kontaktflächengrößen und den experimentell bestimmten Kontaktflächengrößen bei den Druckmessfolien sowie bei dem Kohlepapier. Zur Analyse der Abweichungen von bis zu 56 % (HHS-Druckmessfolie, durchschnittlich 44 %) zwischen den experimentellen und den simulativen Ergebnissen erfolgten Untersuchungen zur Identifizierung möglicher Fehlerquellen. Hierzu gehörten die Betrachtung der Oberflächenrauheiten der Kontaktpartner, die Deformierung der Druckmessfolie, die Modellierung der Kontaktkörper sowie die auftretenden Leerstellen im erzeugten Kontaktabdruck. Die Analyse der Abweichungen und möglicher Ursachen führte zum Ausschluss zahlreicher möglicher Fehlerquellen, welche als sehr unwahrscheinlich oder nur mit geringen Auswirkungen bewertet wurden. Als wesentliche Ursachen für die Abweichungen wurde die sehr inhomogene raue Oberfläche der Kontaktpartner sowie Fertigungstoleranzen der Abstandsplatte identifiziert. Eine ungenaue nach Modellierung der Kontaktpartner konnte durch die Prüfung der Geometrie der Schiene mittels Profil-Schablone und durch die mehrfache Aufnahme der Profilgeometrie des Rades ausgeschlossen werden. Im Anschluss an die Fehleranalyse erfolgte eine Eingrenzung der Anwendbarkeit der experimentellen Methoden (Druckmessfolie und Kohlepapier). Die wesentliche Eingrenzung bezieht sich auf den Aspekt der inhomogenen rauen Oberfläche, welche die Bestimmung des tatsächlichen Rad-Schiene-Kontaktes erschwert. Durch die Anwendung einer approximierten Kontaktflächengeometrie sind die Größenabweichungen auf maximal 42 % (durchschnittlich 19 %) reduziert worden. Es konnte im Rahmen dieser Arbeit gezeigt werden, dass die experimentellen Methoden der Druckmessfolie und des Kohlepapiers als gleichwertig angesehen werden können, da sich die prozentualen Abweichungen zwischen den Ergebnissen in der gleichen Größenordnung bewegen.

Die in dieser Arbeit entwickelten Materialmodelle für drei verschiedene Druckmessfolien sowie Kohlepapier können für Simulationen des Rad-Schiene-Kontaktes verwendet werden. Detektierte Abweichungen zwischen den simulativen und experimentellen Ergebnissen sind u. a. auf die inhomogene und sehr raue Oberflächenstruktur der Kontaktpartner zurückzuführen. Die durch die hohe Oberflächenrauheit entstandenen Abweichungen können durch weitergehende Untersuchungen mittels Hertz'scher Körper überprüft und ggf. reduziert werden.

Die durchgeführten Untersuchungen sowie die Ergebnisse dieser Arbeit führen zu weitergehenden Punkten, welche nachfolgend näher betrachtet werden sollten. Hierzu zählen:

- Durchführen von Experimenten mit Kohlepapier an Hertz'schen Körpern zur Verifizierung des ermittelten linear-elastischen Materialmodells: Aufbauend auf den Experimenten ist der Faktor der Überschätzung der tatsächlichen Kontaktfläche zu ermitteln.
- Identifizierung „üblicher" Oberflächenrauheiten von Rädern von Personenzügen und Schienen im Bereich von Vollbahnstrecken: Diese können verwendet werden, um Abstands-Druck-Kurven für den Bereich häufig auftretender Oberflächenrauheiten zu erarbeiten.

- Identifizierung valider Grenazwerte für die Oberflächenrauheit von Kontaktpartnern bei der Verwendung von Druckmessfolien und Kohlepapier: Die Grenzwerte können zur Definition eines Anwendungsbereichs für die experimentellen Methoden herangezogen werden.

9 Literaturverzeichnis

Allgemeiner Hinweis zur Zitierweise im Text:

Die Angabe von Quellen vor einem Satzzeichen bezieht sich ausschließlich auf den vorherigen Abschnitt des Satzes. Eine Angabe von Quellen nach einem Satzschlusszeichen bezieht sich auf die vorangestellten Sätze oder Absätze.

[1] Verband Deutscher Verkehrsunternehmen e.V. (VDV): Mobilitätswende forcieren. Jetzt mehr bewegen, April 2021. https://www.vdv.de/vdv-broschuere-btw-2021-rz-05052021.pdfx?forced=true, Letzter Zugriff: 11.01.2025.

[2] FREY, K.; BURGER, A.; DZIEKAN, K.; BUNGE, C.; LÜNENBÜRGER, B.: Verkehrswende für ALLE. So erreichen wir eine sozial gerechtere und umweltverträglichere Mobilität, 2020. https://www.umweltbundesamt.de/sites/default/files/medien/376/publikationen/2020_pp_verkehrswende_fuer_alle_bf_02.pdf, Letzter Zugriff: 30.01.2020.

[3] DÖRNER, F.: Methode zur Verifizierung und Validierung von Finite-Elemente-Berechnungen des Rad-Schiene-Normalkontakts, Band 15: KIMA Schriftenreihe, Diss. Fachbereich Maschinenbau und Verfahrenstechnik, TU Kaiserslautern, 2016 - ISBN: 978-3-95974-020-3.

[4] YAP, P.: A Comparative Study of the Effect of Truck Tire Types on Road Contact Pressures. In: SAE Transactions, Bd. 97, (1988), Nr. 5, S. 767–773.

[5] DÖRNER, F.; BETTINGER, T.; SCHINDLER, C.: Sensitivity analysis of the wheel–rail normal contact on the basis of continuous factors. In: Proc. of the Institution of Mechanical Engineers, Part F: Journal of Rail and Rapid Transit. Vol. 231, (2017), Nr. 9. S. 1022–1034.

[6] DELLMANN, T.: Zugfördertechnik. In: Schindler, C. (Hrsg.): Handbuch Schienenfahrzeuge, Entwicklung, Produktion, Instandhaltung. Eurailpress, Hamburg, 2014, S. 16–98.

[7] GENTA, G.; MORELLO, L.: The Automotive Chassis. Volume 1: Components Design. Springer International Publishing, Cham, 2020.

[8] NICOLIN, J.: Über den Einfluß von torsionselastischen Radsatzwellen auf das Laufverhalten eines Schienenfahrzeugs. Diss. Fakultät Maschinenwesen, RWTH Aachen, 1983.

[9] ANDERSSON, S.: Friction and wear simulation of the wheel–rail interface. In: Lewis, Roger; Olofsson, Ulf eds.: Wheel-rail interface handbook. CRC Press, Boca Raton, FL, Oxford, 2009. S. S. 93–124.

[10] TUNNA, J.; SINCLAIR, J.; PEREZ, J.: A Review of wheel wear and rolling contact fatigue. In: Proc. of the Institution of Mechanical Engineers, Part F: Journal of Rail and Rapid Transit, Bd. 221, (2007), Nr. 2, S. 271–289.

[11] PENG, B.; IWNICKI, S.; SHACKLETON, P.; CROSBEE, D.: Comparison of wear models for simulation of railway wheel polygonization. In: Wear. Vol. 436-437, (2019).

[12] LEWIS, R.; OLOFSSON, U.: Basic tribology of the wheel–rail contact. In: Lewis, Roger; Olofsson, Ulf eds.: Wheel-rail interface handbook. CRC Press, Boca Raton, FL, Oxford, 2009. S. 34–57.

[13] STRATMANN, I.; GOERSCH, J.; SCHINDLER, C.: Overview of methods to identify the static normal wheel-rail contact. In: Proc. of the Institution of Mechanical Engineers, Part F: Journal of Rail and Rapid Transit. Vol. 236, (2022), Nr. 7. S. 783–792.

[14] LEKUE, J.: Error Estimation in Wheel-Rail Normal Contact Area Measurements Using Pressure Sensitive Film. Apprimus Wissenschaftsverlag, Diss. Fakultät Maschinenwesen, RWTH Aachen, 2022 - ISBN: 978-3-98555-086-9.

[15] SCHAFFRATH, H.-J.; GÖTTSCHING, L.: Modellierung der Kompression von Papier in z-Richtung bei niedriger Flächenpressung. In: Das Papier, (1992), Nr. 7, S. 350-355.

[16] GREENWOOD, J. A.; WILLIAMSON, J. B. P.: Contact of nominally flat surfaces. In: Proc. R. Soc. Lond. A, Bd. 295, (1966), Nr. 1442, S. 300–319.

[17] HERTZ, H.: Über die Berührung Fester Elastischer Körper. In: Journal für die reine und angewandte Mathematik, (1882), Nr. 92, S. 156–171.

[18] POPOV, V. L.: Kontaktmechanik und Reibung. Von der Nanotribologie bis zur Erdbebendynamik. Springer Vieweg, Berlin, Heidelberg, 3. aktualisierte Auflage, 2015 - ISBN: 978-3-662-45974-4.

[19] GEIKE, T.: Theoretische Grundlagen eines schnellen Berechnungsverfahrens für den Kontakt rauer Oberflächen. Diss. Fakultät für Verkehrs- und Maschinensysteme, TU Berlin, 2008.

[20] POPOV, V. L.; HEß, M.; WILLERT, E.: Handbuch der Kontaktmechanik. Exakte Lösungen axialsymmetrischer Kontaktprobleme. Springer Vieweg, Berlin, Heidelberg, 2018 - ISBN: 978-3-662-53010-8.

[21] IWNICKI, S.; BJÖRKLUND, S.; ENBLOM, R.: Wheel–rail contact mechanics. In: Lewis, Roger; Olofsson, Ulf eds.: Wheel-rail interface handbook. CRC Press, Boca Raton, FL, Oxford, 2009. S. 58-92.

[22] OLLERTON, E.: Stresses in the Contact Zone. In: Proceedings of the Institution of Mechanical Engineers. Vol. 178, (1963-1964). S. 161-171.

[23] PAUL, B.: A Review of Rail-Wheel Contact Stress Problems. In: Keer, Arnold D. ed.: Railroad Track Mechanics and Technology, Proc. of a

Symposium held at Princeton University, April 21 - 23, 1975. Elsevier Science, Burlington, 1978. S. 323–351.

[24] YAN, W.; FISCHER, F. D.: Applicability of the Hertz contact theory to rail-wheel contact problems. In: Archive of Applied Mechanics. Vol. 70, (2000), Nr. 4. S. 255–268.

[25] DAMME, S.: Zur Finite-Element-Modellierung des stationären Rollkontakts von Rad und Schiene, Bd. 4: Berichte des Instituts für Mechanik und Flächentragwerke. Inst. für Mechanik und Flächentragwerke, Diss. Fakultät für Bauingenieurwesen, TU Dresden, 2006 - ISBN: 3-86005-544-5.

[26] KNOTHE, K.; THE, H.: Ermittlung der Normalspannungsverteilung beim Kontakt von Rad und Schiene. In: Forschung im Ingenieurwesen, Bd. 49, (1983), Nr. 3, S. 79–85.

[27] KLEINER, O.: Numerische und experimentelle Untersuchung der Rad/Schiene-Interaktion unter Berücksichtigung mechanischer und thermomechanischer Effekte, Bd. 7: KIMA Schriftenreihe. Diss. Fachbereich Maschinenbau und Verkehrstechnik, TU Kaiserslautern, 2011 - ISBN: 9783941438880.

[28] VILLWOCK, J.; HANAU, A.: Beanspruchung bei Berührung zweier Körper (Hertz'sche Formeln). In: Bender, B.; Göhlich, D. Hrsg.: Dubbel Taschenbuch für den Maschinenbau 1: Grundlagen und Tabellen. Springer, Berlin, Heidelberg, 2020, S. 421–423.

[29] ANDREWS, H. I.: The contact between a locomotive driving wheel and the rail. In: Wear. Vol. 2, (1958/1959), Nr. 6. S. 468–484.

[30] POPOV, V. L.; HESS, M.: Methode der Dimensionsreduktion in Kontaktmechanik und Reibung. Eine Berechnungsmethode im Mikro- und Makrobereich. Springer Berlin Heidelberg; Imprint: Springer, Berlin Heidelberg, 2013.

[31] CHEN, J.; NEUMANN, J.; SAUER, H. M.; DÖRSAM, E.: A new FEM Simulation Method of Paper Materials by using a Gasket Model. In: Gane, Patrick; Ridgway, Cathy eds.: Advances in printing and media technology. S. 125, Darmstadt, Vol. XLII(II), (2015), ISBN 978-3-9870704-1-9.

[32] BI, Z.: Finite element analysis applications. A systematic and practical approach. Elsevier Academic Press, London, San Diego, CA, Cambridge, MA, Oxford, 2018 - ISBN: 978-0-12-809952-0.

[33] STRATMANN, I.; GOERSCH, J.; NEUSER, M.; SCHINDLER, C.; STRATMANN, T.: Developing Elastic–Plastic Material Models for Pressure Measurement Films in a Steel–Steel Contact for Smooth and Rough Surfaces. In: Journal of Tribology, Bd. 145, (2023), Nr. 7.

[34] KNOTHE, K.; STICHEL, S.: Schienenfahrzeugdynamik. Springer, Berlin, 2003 - ISBN: 3-540-43429-1.

[35] DÖRNER, F.; KÖRBLEIN, C.; SCHINDLER, C.: On the accuracy of the pressure measurement film in Hertzian contact situations similar to wheel-rail contact applications. In: Wear. Vol. 317, (2014), Nr. 1-2. S. 241–245.

[36] KLEINER, O.; SCHINDLER, C.: Numerical and Experimental Research into Loads on Wheel and Rail. In: Zobory, István ed.: Proceedings of the 8th International Conference on Railway Bogies and Running Gears, BOGIE '10, Budapest, Hungary, 13 - 16 September, 2010. S. 213–219, ISBN 9789633130247.

[37] Eisenbahnatlas Deutschland: Edition Schweers + Wall. EK-Verlag, Freiburg, 12. Auflage, 2023 - ISBN: 9783844664409.

[38] Deutsches Institut für Normung e. V., Nr. EN 15528:2021: Bahnanwendungen – Streckenklassen zur Behandlung der Schnittstelle zwischen Lastgrenzen der Fahrzeuge und Infrastruktur, Februar 2022. Beuth Verlag GmbH, Berlin.

[39] MARTLAND, C. D.: Introduction of Heavy Axle Loads by the North American Rail Industry. In: Journal of the Transportation Research Forum, Bd. 52, (2013), Nr. 2, S. 103–125.

[40] KLEINER, O.; SCHINDLER, C.: Geometry and Compressive Stresses in Wheel/Rail Contact. In: RTR – Railway Technical Review. Vol. 52, (2012), Nr. 1. S. 24–28.

[41] Deutsches Institut für Normung e. V., Nr. DIN EN 13674-1:2017-07: Bahnanwendungen – Oberbau – Schienen – Teil 1: Vignolschienen ab 46 kg/m, Juli 2017. Beuth Verlag GmbH, Berlin.

[42] Deutsches Institut für Normung e. V., Nr. DIN EN 13715:2020-10: Bahnanwendungen – Radsätze und Drehgestelle – Räder – Radprofile, Oktober 2020. Beuth Verlag GmbH, Berlin.

[43] ZACHER, M.: Erfahrungen über das Zusammenwirken von Fahrzeug und Fahrweg im Hochgeschwindigkeitsverkehr bei der Deutschen Bahn AG. In: ZEVrail, Bd. 132, (2008), Nr. 6/7, S. 241–249.

[44] KOLBE, T.; TEGTMEIER, T.; BÜCHE, B.; THÜTE, C.; MÄDLER, K.; HARTMANN, S.; BALDAUF, W.: Untersuchung und Auswirkung des Verschleißverhaltens neuer Rad-Schiene-Paarungen. Berichte des Deutschen Zentrums für Schienenverkehrsforschung, Bericht 36. Deutsches Zentrum für Schienenverkehrsforschung beim Eisenbahn-Bundesamt, 2023.

[45] Eisenbahn-Bau- und Betriebsordnung. EBO, 05.04.2019. https://www.gesetze-im-internet.de/ebo/EBO.pdf, Letzter Zugriff: 17.09.2024.

[46] Fendrich, L.; Fengler, W. Hrsg.: Handbuch Eisenbahninfrastruktur. Springer Vieweg, Berlin, Heidelberg, 3. überarbeitete und aktualisierte Auflage, 2019.

[47] KLEINER, O.; SCHINDLER, C.: Geometrie und Druckspannungen im Rad/Schiene-Kontakt. In: EI - Der Eisenbahningenieur, Bd. 62, (2011), Nr. 4, S. 9–12.

[48] SIX, K.; MEIERHOFER, A.; TRUMMER, G.; BERNSTEINER, C.; MARTE, C.; MÜLLER, G.; LUBER, B.; DIETMAIER, P.; ROSENBERGER, M.: Plasticity in wheel–rail contact and its implications on vehicle–track interaction. In: Proc. of the Institution of Mechanical Engineers, Part F: Journal of Rail and Rapid Transit. Vol. 231, (2017), Nr. 5. S. 558–569.

[49] SLADKOWSKI, A.; SITARZ, M.: Analysis of wheel–rail interaction using FE software. In: Wear. Vol. 258, (2005), Nr. 7-8. S. 1217–1223.

[50] FUJIFILM: Druckmessfolie Prescale, 2010. https://www.fujifilm.eu/fileadmin/content/industrial_products/downloads/PRESCALE_ProductsGuide_DE.pdf, Letzter Zugriff: 05.05.2021.

[51] FUJIFILM: Pressure Measurment Film Prescale. Super High Pressure (Mono-Sheet Type). https://www.fujifilm.eu/fileadmin/content/industrial_products/downloads/Manual_HHS_EN.pdf, Letzter Zugriff: 05.05.2021.

[52] FUJIFILM: Pressuremeasurement Film Prescale. Medium Pressure MS (Mono-Sheet Type). https://www.fujifilm.eu/fileadmin/content/industrial_products/downloads/Manual_MS_EN.pdf, Letzter Zugriff: 05.05.2021.

[53] CHEN, H.; BAN, T.; ISHIDA, M.; NAKAHARA, T.: Experimental investigation of influential factors on adhesion between wheel and rail under wet conditions. In: Wear. Vol. 265, (2008), Nr. 9-10. S. 1504–1511.

[54] DÖRNER, F.; BETTINGER, T.; LEKUE, J.; SCHINDLER, C.: Validation of Finite Element Simulations for Wheel-Rail Normal Contact. In: Pombo, J.; Gomes Correia, A.; Costa d' Aguiar, S.; Momoya, Y.; Woodward, P. K.; Krajnovic, S.; Wagner, Claus eds.: Proc. of the Third International Conference on Railway Technology: Research, Development and Maintenance, Cagliari, Sardinia, Italy, 5-8 April 2016. Civil-Comp Press, Stirlingshire, 2016, ISBN 9781905088652.

[55] DÖRNER, F.; LEKUE, J.; RANGANATHAN, P.; SCHINDLER, C.: Über den Einsatz von Druckmeßfolie zur Ermittlung der Kontaktflächengröße und -form des Rad-Schiene-Kontakts. In: Doncker, R. W. De; Nießen, N.; Schindler, C. Hrsg.: Proc. of the 1st International Railway Symposium Aachen 2017, S. 230–240. Aachen 28.11.-30.11.2017. RWTH Aachen University, 2018.

[56] KLEINER, O.; SCHINDLER, C.: Numerische und experimentelle Analyse der Kontaktspannungsverteilung in der Berührfläche von Rad und Schiene: Tagungsband - 11. Internationale Schienenfahrzeugtagung: 23. - 25. Februar 2011; Dresden, S. 35–37. DVV Media Group, Eurailpress, Hamburg:

[57] LEKUE, J.; DÖRNER, F.; SCHINDLER, C.: Determination of the Measurement Accuracy of the Prescale Pressure Measurement Film in the Wheel-Rail Normal Contact. In: Zobory, Isvan ed.: Proc. Of The 10th International

Conference On Railway Bogies And Running Gears. S. 149–156. Budapest 05.04.2016-08.04.2016, 2016, ISBN 978-963-9058-38-5.

[58] LEKUE, J.; DÖRNER, F.; SCHINDLER, C.: Multiscale Finite Element Modeling of Wheel–Rail Rough Normal Contact Measurements Using Pressure Measurement Film. In: Tribology Transactions. Vol. 61, (2018), Nr. 5. S. 972–978.

[59] LEKUE, J.; DÖRNER, F.; SCHINDLER, C.: On the Source of the Systematic Error of the Pressure Measurement Film Applied to Wheel–Rail Normal Contact Measurements. In: Journal of Tribology. Vol. 140, (2018), Nr. 2. S. 34.

[60] LEKUE, J.; DÖRNER, F.; SCHINDLER, C.: Calibration of a finite element model of Prescale film for wheel-rail normal contact area measurements. In: Meccanica. Vol. 56, (2021). S. 3097–3106.

[61] HOFFMANN, K.; EGGER, M.: Vergleichsstudie von Methoden der Flächenpressungsmessung. In: Elektrotech. Inftech., Bd. 117, (2000), Nr. 4, S. 255–260.

[62] LIAU, J.-J.; CHENG, C.-K.; HUANG, C.-H.; LO, W.-H.: Effect of Fuji pressure sensitive film on actual contact characteristics of artificial tibiofemoral joint. In: Clinical Biomechanics. Vol. 17, (2002), Nr. 9. S. 698–704.

[63] LIAU, J.-J.; HU, C.; CHENG, C.-K.; HUANG, C.-H.; LO, W.: The influence of inserting a Fuji pressure sensitive film between the tibiofemoral joint of knee prosthesis on actual contact characteristics. In: Clinical biomechanics (Bristol, Avon). Vol. 16, (2001). S. 160–166.

[64] HALE, J. E.; BROWN, T. D.: Contact stress gradient detection limits of Pressensor film. In: Journal of biomechanical engineering. Vol. 114, (1992), Nr. 3. S. 352–357.

[65] WU, J. Z.; HERZOG, W.; EPSTEIN, M.: Effects of inserting a pressensor film into articular joints on the actual contact mechanics. In: Journal of biomechanical engineering. Vol. 120, (1998), Nr. 5. S. 655–659.

[66] Cornelsen Verlag GmbH: Superpositionsprinzip, 2023. https://www.duden.de/rechtschreibung/Superpositionsprinzip, Letzter Zugriff: 15.05.2023.

[67] DÖRNER, F.; KLEINER, O.; SCHINDLER, C.; STARKE, P.; EIFLER, D.: Rolling Contact Fatigue of Wheel and Rail. In: MP. Vol. 54, (2012), Nr. 5. S. 304–312.

[68] DÖRNER, F.; SCHINDLER, C.: Validierung Finiter-Elemente-Berechnungen des Rad-Schiene-Normalkontakts mit probabilistischen Simulationen: Berechnung und Simulation: Anwendungen - Entwicklungen - Trends, S. 59–64, 3. NAFEMS DACH Regionalkonferenz: 25.-27. April 2016, Bamberg, Deutschland: Tagungsband. NAFEMS GmbH, Bernau am Chiemsee, 2016, ISBN 978-1-910643-03-7.

[69] SARWAR, A.; SRIVASTAVA, S.; CHU, C.; MACHIN, A.; SCHEMITSCH, E. H.; BOUGHERARA, H.; BAGHERI, Z. S.; ZDERO, R.: Biomechanical Measurement Error Can Be Caused by Fujifilm Thickness: A Theoretical, Experimental, and Computational Analysis. In: BioMed research international, (2017).

[70] HOFFMANN, K.; EGGER, M.; WAHLER, W.: The accuracy of pressure measurements. In: Osanna, P. H. ed.: Proc. XVI IMEKO world congress, IMEKO 2000. S. 1–8 25.09-28.09.2000, Wien, 2000, ISBN 3901888055.

[71] HARRIS, M.; MORBERG, P.; BRUCE, W.; WALSH, W.: An improved method for measuring tibiofemoral contact areas in total knee arthroplasty: a comparison of K-scan sensor and Fuji film. In: Journal of Biomechanics. Vol. 32, (1999), Nr. 9. S. 951–958.

[72] DRUCKER, D. C.; PRAGER, W.: Soil Mechanics and Plastic Analysis or Limit Design. In: Quarterly of Applied Mathematics. Vol. 10, (1952), Nr. 2. S. 157–165.

[73] BRUNSKILL, H.; HUNTER, A.; ZHOU, L.; DWYER JOYCE, R.; LEWIS, R.: An evaluation of ultrasonic arrays for the static and dynamic measurement of wheel–rail contact pressure and area. In: Proc. of the Institution of Mechanical Engineers, Part J: Journal of Engineering Tribology, Bd. 234, (2020), Nr. 10, S. 1580–1593.

[74] MARSHALL, M. B.; LEWIS, R.; DWYER-JOYCE, R. S.; OLOFSSON, U.; BJÖRKLUND, S.: Experimental Characterization of Wheel-Rail Contact Patch Evolution. In: Journal of Tribology. Vol. 128, (2006), Nr. 3. S. 493–504.

[75] KIM, S.; MILLER, M. C.: Validation of a Finite Element Humeroradial Joint Model of Contact Pressure Using Fuji Pressure Sensitive Film. In: Journal of biomechanical engineering. Vol. 138, (2016), Nr. 1.

[76] AYMERICH, F.; PAU, M.: Assessment of Nominal Contact Area Parameters by Means of Ultrasonic Waves. In: Journal of Tribology. Vol. 126, (2004), Nr. 4. S. 639–645.

[77] LABRIJN, P.: Wheel and Rail. In: Bulletin of the International Railway Congress Association. Vol. 28, (1951), Nr. 5. S. 255–287.

[78] POOLE, W.: The Measurement of the Contact Area between Opaque Objects Under Static and Dynamic Rolling Conditions. In: Gladwell, G. M. L.; Ghonem, H.; Kalousek, J. eds.: Contact mechanics and wear of rail/wheel systems II, Proceedings of the international symposium held at the University of Rhode Island, Kingston, R.I., July 8 - 11, 1986. Univ. of Waterloo Press, Waterloo, 1987. S. 59–71.

[79] CHEN, J.; DÖRSAM, E.; SPIEHL, D.; HAKIMI THERANI, A.; DA, J.: Stress-strain behavior of paper affected by the actual contact area. In: Schabel, Samuel; Schaffrath, Heinz-Joachim eds.: Progress in Paper Physics Seminar

2016, Conference proceedings. ULB Universitäts- und Landesbibliothek Darmstadt, Darmstadt, 2016. S. 47–53.

[80] CHEN, J.: Investigation on the Mechanical Behavior of Paper and Paper Stacks in the out-of-plane Direction, Diss. Fachbereich Maschinenbau, TU Darmstadt, Darmstadt, 2016.

[81] BURSTOW, M. C.: Rolling Contact Fatigue Testing. RSSB report AETR-ES-2004-907 Issue 1, 2006. https://www.yumpu.com/en/document/read/22924330/rolling-contact-fatigue-laboratory-testing-rssb, Letzter Zugriff: 04.09.2020.

[82] SAMPSON, W. W.: Materials properties of paper as influenced by its fibrous architecture. In: International Materials Reviews, Bd. 54, (2009), Nr. 3, S. 134–156.

[83] GARBOWSKI, T.; MAIER, G.; NOVATI, G.: On calibration of orthotropic elastic-plastic constitutive models for paper foils by biaxial tests and inverse analyses. In: Structural and Multidisciplinary Optimization, Bd. 46, (2012), Nr. 1, S. 111–128.

[84] SIMON, J.-W.: A Review of Recent Trends and Challenges in Computational Modeling of Paper and Paperboard at Different Scales. In: Arch Computat Methods Eng, Bd. 28, (2021), Nr. 4, S. 2409–2428.

[85] BEDZRA, R.; LI, Y.; REESE, S.; SIMON, J.-W.: A comparative study of a multi-surface and a non-quadratic plasticity model with application to the in-plane anisotropic elastoplastic modelling of paper and paperboard. In: Journal of Composite Materials, Bd. 53, (2019), Nr. 6, S. 753–767.

[86] ERKKILÄ, A.-L.; LEPPÄNEN, T.; HÄMÄLÄINEN, J.: Empirical plasticity models applied for paper sheets having different anisotropy and dry solids content levels. In: Int. Journal of Solids and Structures, Bd. 50, (2013), Nr. 14-15, S. 2151–2179.

[87] HARRYSSON, A.; RISTINMAA, M.: Large strain elasto-plastic model of paper and corrugated board. In: Int. Journal of Solids and Structures, Bd. 45, (2008), Nr. 11-12, S. 3334–3352.

[88] GUSTAFSSON, P.-J.; NISKANEN, K.: Paper as an engineering material. In: Niskanen, Kaarlo ed.: Mechanics of Paper Products. Walter de Gruyter GmbH Co.KG, s.l., 2012. S. 5–28.

[89] BAUM, G. A.: The elastic properties of paper. In: Kolseth, P. et al. Hrsg.: Design Criteria for Paper Performance, S. 1–27, Stockholm: Svenska Träforskningsinstitutet (STFI)-Meddelande A969. Stockholm, 1984.

[90] HUANG, H.; HAGMAN, A.; NYGÅRDS, M.: Quasi static analysis of creasing and folding for three paperboards. In: Mechanics of Materials, Bd. 69, (2014), Nr. 1, S. 11–34.

[91] LI, Y.; STAPLETON, S. E.; REESE, S.; SIMON, J.-W.: Anisotropic elastic-plastic deformation of paper: Out-of-plane model. In: Int. Journal of Solids and Structures, 130-131, (2018), S. 172–182.

[92] CHEN, J.; NEUMANN, J.; DÖRSAM, E.: Investigation on deformation behavior of paper in Z-direction: Progress in paper physics, September 8-12, 2014, Raleigh, North Carolina, USA, 2014.

[93] RIBEIRO, A. H.; COSTA, C. A.: Modelling and simulation of the nonlinear behaviour of paper: A cellular materials approach. In: Chemical Engineering Science, Bd. 62, (2007), Nr. 23, S. 6696–6708.

[94] STENBERG, N.: A model for the through-thickness elastic–plastic behaviour of paper. In: Int. Journal of Solids and Structures, Bd. 40, (2003), Nr. 26, S. 7483–7498.

[95] RÄTTÖ, P.: The influence of surface roughness on the compressive behaviour of paper. In: Nordic Pulp & Paper Research Journal, Bd. 20, (2005), Nr. 3, S. 304–307.

[96] CHEN, J.; SPIEHL, D.; DÖRSAM, E.; TEHRANI, A. H.; WEIẞENSEEL, S.: An empirical model for describing the mechanical behavior of paper and paper stacks in the perpendicular to the in-plane direction. In: Journal of Print and Media Technology Research, Bd. 9, (2020), Nr. 2, S. 65–79.

[97] BOSCO, E.; PEERLINGS, R.; GEERS, M.: Hygro-mechanical properties of paper fibrous networks through asymptotic homogenization and comparison with idealized models. In: Mechanics of Materials, Bd. 108, (2017), S. 11–20.

[98] 1.1.40 UMAT: User subroutine to define a material's mechanical behavior. Abaqus 6.11 Online Documentation, 2011. http://130.149.89.49/v6.11/books/sub/default.htm?startat=ch01s01asb40.html#sub-xsl-umat, Letzter Zugriff: 15.11.2022.

[99] STÅLNE, K.: Testing of elastic properties of printing paper, Diss. Div. Structural Mechanics, Lund University, 2006.

[100] GUSTAFSSON, P.-J.; NISKANEN, K.: Paper as an engineering material. In: Östlund, Sören; Niskanen, Kaarlo eds.: Mechanics of paper products. De Gruyter, Berlin, 2nd ed., 2021. S. 5-28.

[101] MARSHALL, M. B.; LEWIS, R.; DWYER-JOYCE, R. S.; OLOFSSON, U.; BJÖRKLUND, S.: Ultrasonic characterisation of a wheel/rail contact. In: Dalmaz, G.; Lubrecht, A.A; Dowson, D.; Priest, M. eds.: Tribology Series Transient Processes in Tribology, Proceedings of the 30th Leeds-Lyon Symposium on Tribiology. Elsevier, 2003-2004. S. 151–158.

[102] PAU, M.: Ultrasonic waves for effective assessment of wheel-rail contact anomalies. In: Proc. of the Institution of Mechanical Engineers, Part F: Journal of Rail and Rapid Transit. Vol. 219, (2005), Nr. 2. S. 79–90.

[103] Pau, M.; Aymerich, F.; Ginesu, F.: Ultrasonic measurements of nominal contact area and contact pressure in a wheel-rail system. In: Proc. of the Institution of Mechanical Engineers, Part F: Journal of Rail and Rapid Transit. Vol. 214, (2000), Nr. 4. S. 231–243.

[104] Pau, M.; Aymerich, F.; Ginesu, F.: Distribution of contact pressure in wheel–rail contact area. In: Wear. Vol. 253, (2002), Nr. 1-2. S. 265–274.

[105] Zhou, L.; Brunskill, H. P.; Lewis, R.: Real-time non-invasive measurement and monitoring of wheel–rail contact using ultrasonic reflectometry. In: Structural Health Monitoring. Vol. 18, (2019), Nr. 5-6. S. 1953–1965.

[106] Rovira, A.; Roda, A.; Marshall, M. B.; Brunskill, H.; Lewis, R.: Experimental and numerical modelling of wheel–rail contact and wear. In: Wear. Vol. 271, (2011), Nr. 5. S. 911–924.

[107] Zhou, L.; Brunskill, H.; Pletz, M.; Daves, W.; Scheriau, S.; Lewis, R.: Real-Time Measurement of Dynamic Wheel-Rail Contacts Using Ultrasonic Reflectometry. In: Journal of Tribology. Vol. 141, (2019), Nr. 6. S. 533.

[108] Brunskill, H.; Shackleton, H.; Rhodes, R.; Hunter, A.: A Novel Wheel Mounted Sensor Technology for VTI Measurements & Monitoring: IWC 2023 Proc., Chicago 8.-11. Mai 2023, S. 136–140.

[109] Sichani, M. S.; Enblom, R.; Berg, M.: Comparison of non-elliptic contact models: Towards fast and accurate modelling of wheel–rail contact. In: Wear. Vol. 314, (2014), Nr. 1-2. S. 111–117.

[110] Dhatt, G.; Touzot, G.; Lefrançois, E.: Finite element method: Numerical methods series. ISTE Ltd; Wiley, London, Hoboken, NJ, 2012 - ISBN: 978-1-84821-368-5.

[111] Klein, B.: FEM. Grundlagen und Anwendungen der Finite-Element-Methode im Maschinen- und Fahrzeugbau: Lehrbuch. Springer Vieweg, Wiesbaden, 10. verbesserte Auflage, 2015 - ISBN: 978-3-658-06053-4.

[112] Liu, G. R.; Quek, S. S.: The finite element method. A practical course. Butterworth-Heinemann, Oxford, UK. 2nd ed., 2013 - ISBN: 978-0-08-098356-1.

[113] Okereke, M.; Keates, S.: Finite element applications. A practical guide to the FEM process: Springer tracts in mechanical engineering. Springer, Cham, 2018 - ISBN: 978-3-319-67125-3.

[114] Rust, W.: Nichtlineare Finite-Elemente-Berechnungen. Kontakt, Kinematik, Material: Lehrbuch. Springer Vieweg, Wiesbaden, 3. überarbeitete und erweiterte Auflage, 2016.

[115] Zienkiewicz, O. C.; Taylor, R. L.; Zhu, J.: The finite element method. its basis and fundamentals. Vol. 1. Elsevier Butterworth-Heinemann, Amsterdam. 7. ed., 2013 - ISBN: 978-1-85617-633-0.

[116] STEINKE, P.: Finite-Elemente-Methode. Rechnergestützte Einführung: Springer für Professionals. Springer Vieweg, Berlin, Heidelberg, 5. bearbeitete und ergänzte Auflage, 2015.

[117] NASDALA, L.: FEM-Formelsammlung Statik und Dynamik. Hintergrundinformationen, Tipps und Tricks. Springer Vieweg, Wiesbaden, 3. aktualisierte Auflage, 2015.

[118] Dassault Systèmes: SIMULIA User Assistance 2019, 2019.

[119] GROSS, D.; HAUGER, W.; WRIGGERS, P.: Hydromechanik, Elemente der Höheren Mechanik, Numerische Methoden, Bd. 4: Springer Lehrbuch. Springer Vieweg, Springer-Verlag GmbH, Berlin, Heidelberg, 11. Auflage, 2023.

[120] NYGÅRDS, M.: Modelling the out-of-plane behaviour of paperboard. In: Nordic Pulp & Paper Research Journal, Bd. 24, (2009), Nr. 1, S. 72–76.

[121] SIEBERTZ, K.; VAN BEBBER, D.; HOCHKIRCHEN, T.: Statistische Versuchsplanung. Design of Experiments (DoE): VDI-Buch. Springer Vieweg, Berlin, Heidelberg, 2. Auflage, 2017.

[122] FANG, K.; LI, R.; SUDJIANTO, A.: Design and modeling for computer experiments: Computer science and data analysis series. Chapman and Hall/CRC, 2005 - ISBN: 9780429143762.

[123] KAUSCHE, M.: Wirtschaftlichkeit schwimmender Offshore Windenergieanlagen. Wirtschaftlich-technische Untersuchungen und Kostensenkungspotenziale: Baubetriebswirtschaftslehre und Infrastrukturmanagement. Springer Fachmedien, Wiesbaden, 2017.

[124] PARK, J.-S.: Optimal Latin-hypercube designs for computer experiments. In: Journal of Statistical Planning and Inference, Bd. 39, (1994), Nr. 1, S. 95–111.

[125] SANDBERG, G.; OLSSON, A.: Failure sensitivity analysis of engineering structures. In: Computers & Structures, Bd. 72, (1999), Nr. 4-5, S. 525–534.

[126] OLSSON, A. M. J.; SANDBERG, G. E.: Latin Hypercube Sampling for Stochastic Finite Element Analysis. In: J. Eng. Mech., Bd. 128, (2002), Nr. 1, S. 121–125.

[127] Optimal Latin Hypercube Technique. Abaqus Anleitung, 2017. https://abaqus-docs.mit.edu/2017/English/IhrComponentMap/ihr-c-Reference-OptimalLatin.htm, Letzter Zugriff: 13.01.2022.

[128] BATES, S.; SIENZ, J.; TOROPOV, V.: Formulation of the Optimal Latin Hypercube Design of Experiments Using a Permutation Genetic Algorithm: 45th AIAA/ASME/ASCE/AHS/ASC Structures, Structural Dynamics & Materials Conference. Palm Springs, California 19 April - 22 April, 2004.

[129] JIN, R.; CHEN, W.; SUDJIANTO, A.: An efficient algorithm for constructing optimal design of computer experiments. In: Journal of Statistical Planning and Inference, Bd. 134, (2005), Nr. 1, S. 268–287.

[130] SONG, C.; KAWAI, R.: Monte Carlo and variance reduction methods for structural reliability analysis: A comprehensive review. In: Probabilistic Engineering Mechanics, Bd. 73, (2023), S. 103479.

[131] BORLINGHAUS, R. T.: Unbegrenzte Lichtmikroskopie. Über Auflösung und Super-Hochauflösung und die Frage, ob man Moleküle sehen kann. Springer Fachmedien GmbH, Wiesbaden, 2016 - ISBN: 978-3-658-09874-2.

[132] MARXER, M.; BACH, C.; KEFERSTEIN, C. P.: Fertigungsmesstechnik. Alles zu Messunsicherheit, konventioneller Messtechnik und Multisensorik. Springer Vieweg, Wiesbaden, Heidelberg, 10. vollständig überarbeitete und erweiterte Auflage, 2021 - ISBN: 978-3-658-34168-8.

[133] SIEGMANN, J.: Die Belastung der Schiene aus dem Betrieb. In: Rektor der Fachhochschule Brandenburg Hrsg.: Internationales Symposium „Schienenfehler", S. 9-1 - 9-8, 16.-17.11.2000, Brandenburg an der Havel, 2000.

[134] Defining a Drucker-Prager model. https://abaqus-docs.mit.edu/2017/English/SIMACAECAERefMap/simacae-t-prpmechanicalplasticdruckerprager-model.htm, Letzter Zugriff: 13.01.2022.

[135] EPEE, A. F.; LAURO, F.; BENNANI, B.; BOUREL, B.: Constitutive model for a semi-crystalline polymer under dynamic loading. In: International Journal of Solids and Structures, Bd. 48, (2011), Nr. 10, S. 1590–1599.

[136] Extended Drucker-Prager models. https://abaqus-docs.mit.edu/2017/English/SIMACAEMATRefMap/simamat-c-druckerprager.htm#simamat-c-druckerprager-linear, Letzter Zugriff: 03.03.2023.

[137] ERLICHER, S.; POINT, N.: On the associativity of the Drucker-Prager model. In: Onate, E.; Owen, D. R. J. eds.: Computational plasticity, Fundamentals and applications; proceedings of the Eighth International Conference on Computational Plasticity held in Barcelona, Spain, 5th - 7th September 2005 5.-8. September. International Center for Numerical Methods in Engineering (CIMNE), Barcelona, 2005, ISBN 9788495999795.

[138] ERIKSEN, M. K.; CHRISTIANSEN, J. D.; DAUGAARD, A. E.; ASTRUP, T. F.: Closing the loop for PET, PE and PP waste from households: Influence of material properties and product design for plastic recycling. In: Waste management. Vol. 96, (2019). S. 75–85.

[139] KIM, S. B.; YI, N. H.; KIM, H. Y.; KIM, J.-H. J.; SONG, Y.-C.: Material and structural performance evaluation of recycled PET fiber reinforced concrete. In: Cement and Concrete Composites, Bd. 32, (2010), Nr. 3, S. 232–240.

[140] STRATMANN, I.: Material model calibration of Hertzian contact situations of a sphere and a plate with implemented pressure measurement film with elasto-plastic Drucker-Prager material modell. doi: 10.5281/zenodo.14293580, 2024. https://zenodo.org/records/14293580, Letzter Zugriff: 07.12.2024.

[141] STRATMANN, I.: Material model calibration of Hertzian contact situations of a sphere and a plate with implemented pressure measurement film. doi: 10.5281/zenodo.10848787, 2024. https://zenodo.org/records/10848787, Letzter Zugriff: 17.09.2024.

[142] Contact formulations in Abaqus/Standard. Abaqus Analysis User's Guide. http://130.149.89.49/v2016/books/usb/default.htm?startat=pt09ch38s01aus179.html, Letzter Zugriff: 20.09.2024.

[143] LACKMANN, J.; VILLWOCK, J.: Teil G - Festigkeitslehre - C1 Allgemeine Grundlagen. In: Grote, K.-H.; Feldhusen, J.; Dubbel, H. Hrsg.: Taschenbuch für den Maschinenbau. Springer Vieweg, Berlin, Heidelberg, 24. aktualisierte und erweiterte Auflage, 2014, S. 84–89.

[144] WILCZYNSKI, A.; KOCISZEWSKI, M.: Determination of elastic constants of particleboard layers by compressing glued layer specimens. In: Wood Research, Bd. 56, (2011), Nr. 1, S. 77–92.

[145] VDI-Gesellschaft Fördertechnik Materialfluss Logistik, Nr. VDI 2700 Blatt 9: Ladungssicherung auf Straßenfahrzeugen - Ladungssicherung von hart gewickelten Papierrollen, 04.2006. Beuth Verlag GmbH, Berlin.

[146] FUJIFILM: Pressure Measurment Film Prescale. High Pressure HS (Mono-Sheet Type). https://www.fujifilm.eu/fileadmin/content/industrial_products/downloads/Manual_HS_EN.pdf, Letzter Zugriff: 05.05.2021.

[147] FUJIFILM Corporation: Operations Manual. FUJIFILM Pressure Distribution Mapping System for Prescale. FPD-8010E Ver. 2.5, 2009.

10 Anhang

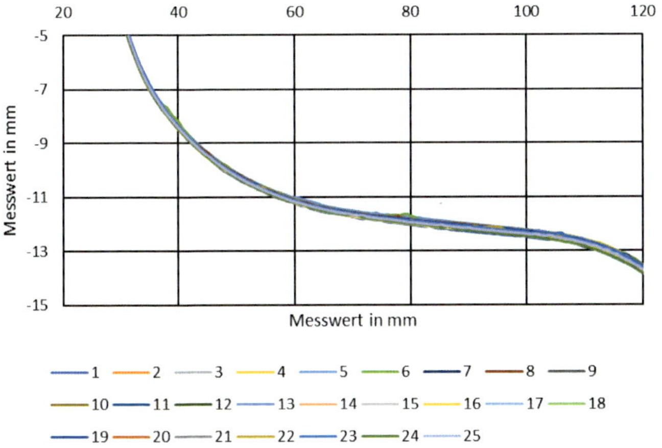

Abb. A 1: Ausschnitt der gemessenen Radprofile

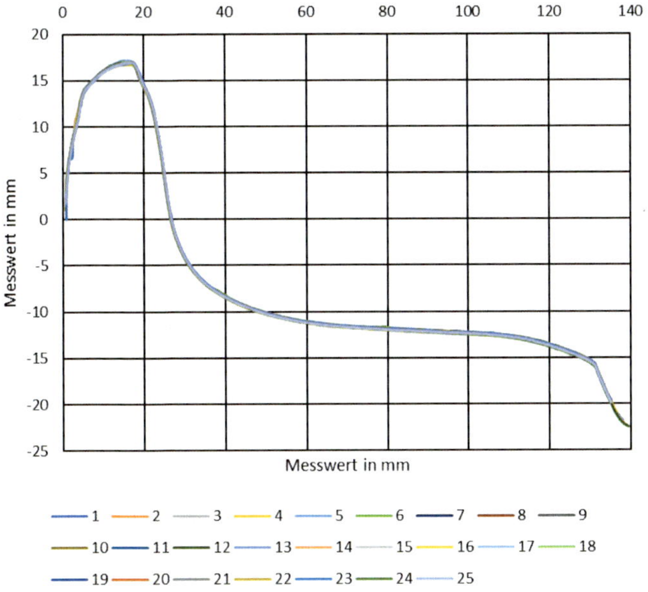

Abb. A 2: Darstellung der gemessenen Radprofile

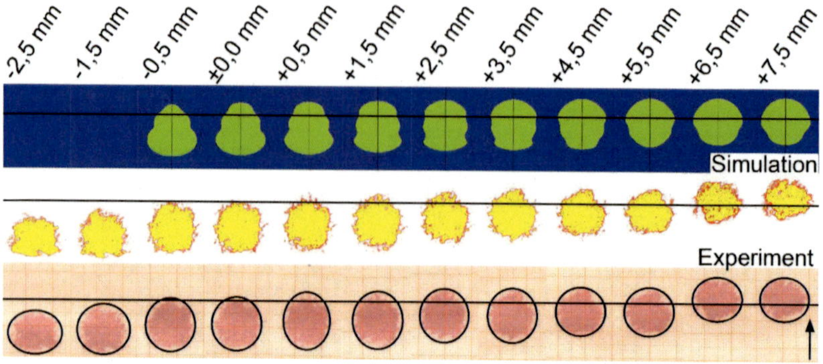

Abb. A 3: *Simulativ und experimentell bestimmten Kontaktflächen sowie Darstellung der approximierten ellipsenförmigen Geometrie für die MS-Druckmessfolie bei 100 kN Last (nicht maßstäblich)*

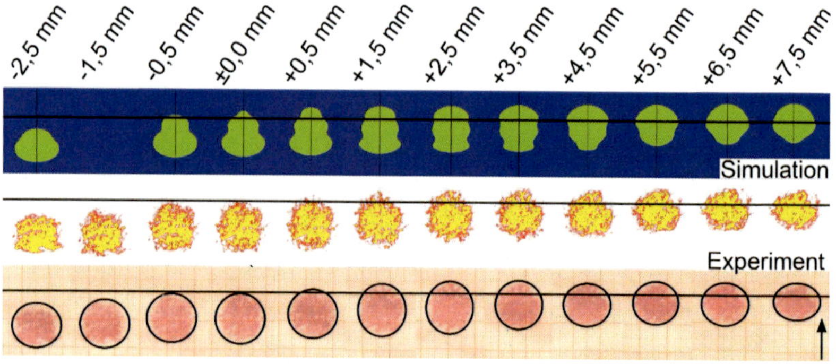

Abb. A 4: *Simulativ und experimentell bestimmten Kontaktflächen sowie Darstellung der approximierten ellipsenförmigen Geometrie für die HS-Druckmessfolie bei 100 kN Last (nicht maßstäblich)*

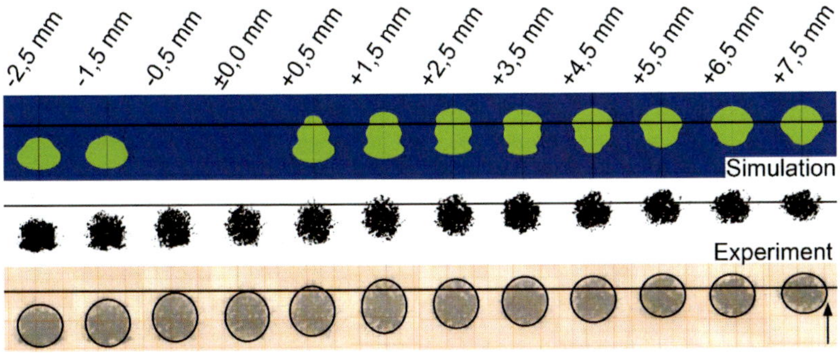

Abb. A 5: Simulativ und experimentell bestimmten Kontaktflächen sowie Darstellung der approximierten ellipsenförmigen Geometrie für das Kohlepapier bei 100 kN Last (nicht maßstäblich)

Tabelle A.1: Übersicht der gemessenen Oberflächenrauheiten in μm der Zwischenschichten

	Messung 1		Messung 2		Messung 3	
	R_a	R_z	R_a	R_z	R_a	R_z
Druckmessfolie oben (glänzend, glatt)	0,076	0,340	0,070	0,300	0,067	0,310
Druckmessfolie unten (matt, rau)	2,530	14,300	2,331	14,600	2,250	13,500
Kohlepapier oben (schwarz)	1,005	4,790	1,002	5,100	0,903	4,620
Kohlepapier Rückseite	0,958	5,370	1,067	5,180	1,060	5,740
Papier	2,840	16,100	3,116	17,700	2,662	14,600

Tabelle A.2: Erster Teil der Versuchsmatrix der durchgeführten Experimente inkl. Anzahl der Wiederholungen

Zwischenschicht	MS					HS				
Kraft bzw. horizontale Position	25 kN	50 kN	75 kN	100 kN	110 kN	25 kN	50 kN	75 kN	100 kN	110 kN
+7,5 mm	3	3	3	3	3	3	3	3	3	3
+6,5 mm	3	3	3	3	3	3	3	3	3	3
+5,5 mm	3	3	3	3	3	3	3	3	3	3
+4,5 mm	3	3	3	3	3	3	3	3	3	3
+3,5 mm	3	3	3	3	3	3	3	3	3	3
+2,5 mm	3	3	3	3	3	3	3	3	3	3
+1,5 mm	3	3	3	3	3	3	3	3	3	3
+0,5 mm	3	3	3	3	3	3	3	3	3	3
0 mm	3	3	3	3	3	3	3	3	3	3
-0,5 mm	3	3	3	3	3	3	3	3	3	3
-1,5 mm	3	3	3	3	3	3	3	3	3	3
-2,5 mm	6	6	6	6	6	6	6	6	6	6

Tabelle A.3: Zweiter Teil der Versuchsmatrix der durchgeführten Experimente inkl. Anzahl der Wiederholungen

Zwischenschicht	HHS					Kohlepapier				
Kraft bzw. horizontale Position	25 kN	50 kN	75 kN	100 kN	110 kN	25 kN	50 kN	75 kN	100 kN	110 kN
+7,5 mm	3	3	3	3	3	3	3	3	3	3
+6,5 mm	3	3	3	3	3	3	3	3	3	3
+5,5 mm	3	3	3	3	3	3	3	3	3	3
+4,5 mm	3	3	3	3	3	3	3	3	3	3
+3,5 mm	3	3	3	3	3	3	3	3	3	3
+2,5 mm	3	3	3	3	3	3	3	3	3	3
+1,5 mm	3	3	3	3	3	3	3	3	3	3
+0,5 mm	3	3	3	3	3	3	3	3	3	3
0 mm	3	3	3	3	3	3	20	3	3	3
-0,5 mm	3	3	3	3	3	3	3	3	3	3
-1,5 mm	3	3	3	3	3	3	3	3	3	3
-2,5 mm	6	6	6	6	6	3	3	3	3	3

Tabelle A.4: Resultate der experimentell erzeugten Kontaktflächen für die Position $\eta = +7{,}5\ mm$

	mittlere Kontaktfläche in mm²			
Kraft	MS	HS	HHS	Kohlepapier
25 kN	101,7 ±0,2	87,0 ±0,0	54,0 ±0,0	67,2 ±1,3
50 kN	133,3 ±0,3	123,0 ±0,0	90,0 ±0,0	96,4 ±1,6
75 kN	161,3 ±0,8	148,3 ±0,3	113,7 ±0,2	115,5 ±2,3
100 kN	192,3 ±0,3	174,3 ±0,3	134,7 ±0,2	131,7 ±1,4
110 kN	204,0 ±0,0	185,7 ±0,2	143,7 ±0,2	137,2 ±0,3

Tabelle A.5: Resultate der experimentell erzeugten Kontaktflächen für die Position $\eta = +6{,}5\ mm$

	mittlere Kontaktfläche in mm²			
Kraft	MS	HS	HHS	Kohlepapier
25 kN	109,7 ±0,2	96,0 ±0,5	62,7 ±0,7	73,9 ±1,2
50 kN	145,7 ±0,2	133,3 ±0,3	97,7 ±0,2	103,1 ±1,1
75 kN	171,7 ±0,7	162,3 ±0,3	124,3 ±0,3	126,9 ±0,8
100 kN	193,3 ±0,3	184,3 ±0,3	147,3 ±0,3	149,8 ±1,1
110 kN	203,0 ±0,5	195,3 ±0,8	156,0 ±0,0	157,6 ±0,7

Tabelle A.6: Resultate der experimentell erzeugten Kontaktflächen für die Position $\eta = +5{,}5\ mm$

	mittlere Kontaktfläche in mm²			
Kraft	MS	HS	HHS	Kohlepapier
25 kN	125,3 ±0,3	109,7 ±1,7	66,3 ±0,3	81,1 ±1,8
50 kN	157,0 ±0,0	147,0 ±0,5	103,0 ±0,0	110,0 ±0,5
75 kN	180,0 ±0,0	170,0 ±0,5	130,7 ±0,2	128,1 ±0,9
100 kN	200,7 ±0,2	190,3 ±1,8	150,7 ±0,2	152,2 ±0,3
110 kN	208,7 ±0,2	198,3 ±1,8	158,0 ±0,5	157,6 ±1,1

Tabelle A.7: Resultate der experimentell erzeugten Kontaktflächen für die Position $\eta = +4{,}5\ mm$

	mittlere Kontaktfläche in mm²			
Kraft	MS	HS	HHS	Kohlepapier
25 kN	125 ±0,5	108,3 ±1,8	64,3 ±0,8	88,6 ±1,1
50 kN	166,0 ±0,0	153,0 ±0,5	105,7 ±0,2	114,6 ±0,7
75 kN	191,0 ±0,5	180,3 ±0,3	136,7 ±0,2	139,3 ±0,3
100 kN	214,7 ±0,7	201,0 ±0,5	159,3 ±0,3	164,0 ±2,8
110 kN	224,0 ±1,0	208,7 ±0,7	165,7 ±0,2	168,6 ±2,0

Tabelle A.8: Resultate der experimentell erzeugten Kontaktflächen für die Position $\eta = +3{,}5\ mm$

	mittlere Kontaktfläche in mm²			
Kraft	MS	HS	HHS	Kohlepapier
25 kN	121,3 ±0,8	102,7 ±1,2	59,0 ±0,5	83,6 ±1,5
50 kN	175,0 ±1,0	151,3 ±0,3	100,3 ±0,3	116,3 ±2,6
75 kN	203,7 ±0,2	188,0 ±0,5	134,3 ±0,3	148,6 ±0,8
100 kN	227,7 ±0,2	213,3 ±0,3	163,7 ±0,2	175,3 ±0,7
110 kN	235,3 ±0,8	221,7 ±0,7	172,0 ±0,5	175,8 ±3,4

Tabelle A.9: Resultate der experimentell erzeugten Kontaktflächen für die Position $\eta = +2{,}5\ mm$

	mittlere Kontaktfläche in mm²			
Kraft	MS	HS	HHS	Kohlepapier
25 kN	122,0 ±1,0	107,7 ±0,7	61,3 ±0,3	78,9 ±0,7
50 kN	174,3 ±0,3	155,7 ±0,7	109,7 ±0,2	114,3 ±0,7
75 kN	209,3 ±0,3	193,7 ±0,7	145,0 ±0,0	144,1 ±2,4
100 kN	233,7 ±0,2	220,3 ±0,3	173,0 ±0,5	170,5 ±0,6
110 kN	242,3 ±0,3	229,3 ±0,3	182,0 ±1,0	174,2 ±1,2

Tabelle A.10: Resultate der experimentell erzeugten Kontaktflächen für die Position $\eta = +1{,}5\ mm$

	mittlere Kontaktfläche in mm²			
Kraft	MS	HS	HHS	Kohlepapier
25 kN	131,3 ±0,3	107,3 ±0,8	63,7 ±0,2	80,3 ±2,6
50 kN	179,0 ±0,5	155,3 ±0,8	107,0 ±0,0	112,4 ±0,8
75 kN	222,3 ±0,8	193,3 ±0,3	142,0 ±0,0	143,5 ±0,6
100 kN	253,7 ±0,2	228,7 ±0,2	174,0 ±0,5	169,6 ±0,6
110 kN	263,7 ±0,7	237,3 ±0,3	185,0 ±0,0	179,3 ±0,8

Tabelle A.11: Resultate der experimentell erzeugten Kontaktflächen für die Position $\eta = +0{,}5\ mm$

	mittlere Kontaktfläche in mm²			
Kraft	MS	HS	HHS	Kohlepapier
25 kN	121,7 ±1,2	105,0 ±1,5	54,7 ±0,2	72,6 ±0,7
50 kN	172,7 ±0,2	158,0 ±0,5	101,7 ±0,2	111,5 ±4,1
75 kN	210,7 ±0,7	194,7 ±0,2	141,7 ±0,2	136,7 ±1,5
100 kN	244,0 ±0,5	226,0 ±0,0	173,0 ±0,5	171,9 ±1,2
110 kN	257,7 ±0,7	239,0 ±1,0	184,3 ±0,8	183,0 ±4,2

Tabelle A.12: Resultate der experimentell erzeugten Kontaktflächen für die Position $\eta = 0\,mm$

	mittlere Kontaktfläche in mm²			
Kraft	MS	HS	HHS	Kohlepapier
25 kN	125,3 ±0,8	103,7 ±1,7	55,7 ±0,2	69,9 ±1,2
50 kN	178,0 ±0,5	153,3 ±0,3	100,3 ±0,3	110,4 ±2,8
75 kN	215,7 ±0,7	192,0 ±0,0	139,3 ±0,3	141,8 ±1,8
100 kN	250,7 ±0,7	225,3 ±0,3	171,7 ±0,2	168,8 ±1,6
110 kN	265,0 ±0,5	237,3 ±0,3	182,0 ±0,5	179,2 ±1,9

Tabelle A.13: Resultate der experimentell erzeugten Kontaktflächen für die Position $\eta = -0{,}5\,mm$

	mittlere Kontaktfläche in mm²			
Kraft	MS	HS	HHS	Kohlepapier
25 kN	123,3 ±0,3	99,7 ±1,7	56,7 ±0,2	78,5 ±1,7
50 kN	171,3 ±0,3	146,3 ±0,3	93,7 ±0,2	109,1 ±1,7
75 kN	213,3 ±0,8	185,3 ±0,3	130,3 ±0,3	147,9 ±3,3
100 kN	247,0 ±0,0	220,0 ±0,5	162,3 ±0,3	173,1 ±4,1
110 kN	262,7 ±0,2	231,7 ±0,2	174,0 ±1,0	188,7 ±2,9

Tabelle A.14: Resultate der experimentell erzeugten Kontaktflächen für die Position $\eta = -1{,}5\,mm$

	mittlere Kontaktfläche in mm²			
Kraft	MS	HS	HHS	Kohlepapier
25 kN	121,7 ±0,7	100,7 ±0,7	61,3 ±0,3	78,4 ±0,7
50 kN	155,7 ±0,2	137,3 ±0,3	97,7 ±0,2	108,0 ±1,1
75 kN	197,0 ±0,5	168,7 ±0,2	123,0 ±0,0	141,4 ±0,1
100 kN	239,7 ±0,7	206,0 ±0,5	149,0 ±0,5	178,4 ±2,0
110 kN	254,0 ±0,5	221,0 ±1,0	162,3 ±0,3	193,3 ±1,5

Tabelle A.15: Resultate der experimentell erzeugten Kontaktflächen für die Position $\eta = -2{,}5\,mm$

	mittlere Kontaktfläche in mm²			
Kraft	MS	HS	HHS	Kohlepapier
25 kN	116,0 ±0,0	98,3 ±1,3	58,7 ±0,2	85,5 ±1,6
50 kN	157,3 ±0,3	139,0 ±0,5	97,3 ±0,3	117,7 ±0,8
75 kN	181,3 ±0,3	165,7 ±0,2	126,0 ±0,0	151,4 ±0,8
100 kN	211,7 ±0,2	188,0 ±0,0	145,7 ±0,2	173,1 ±1,8
110 kN	228,0 ±0,5	200,3 ±1,3	152,7 ±0,2	183,5 ±0,7

Tabelle A.16: Resultate der experimentell erzeugten Kontaktflächen für die Position $\eta = -2{,}5\ mm$ mit den Druckmessfolien der neuen Charge

	mittlere Kontaktfläche in mm²		
Kraft	MS	HS	HHS
25 kN	116,7 ±0,7	98,0 ±0,5	59,3 ±0,3
50 kN	155,3 ±0,3	138,3 ±0,3	98,0 ±0,0
75 kN	179,3 ±0,8	163,0 ±0,5	126,3 ±0,3
100 kN	208,0 ±1,0	185,3 ±0,3	146,7 ±0,2
110 kN	227,3 ±0,3	199,0 ±0,5	155,7 ±0,2

Tabelle A.17: Resultate der experimentell mittels HHS-Druckmessfolie erzeugten Kontaktflächen für die Position $\eta = +4{,}5\ mm$ ausgewertet mit ImageJ und FPD8010Win

	Kontaktfläche in mm²	
Kraft	Image J	FPD8010Win
25 kN Abdruck 1	67,401	66
25 kN Abdruck 2	62,853	63
25 kN Abdruck 3	60,121	64

Tabelle A.18: Materialparameter der Parameterkombination Nummer 8, 49 und 222 der MS-Druckmessfolie

Parameter	Wert		
	8	49	222
Reibungswinkel $\boldsymbol{\beta}$ in °; Erweiterungswinkel $\boldsymbol{\psi}$ in °	2,11	14,45	66,52
Fließspannungsverhältnis $\boldsymbol{K}$	0,864	0,823	0,990
Querkontraktionszahl $\boldsymbol{\nu}$	0,013	0,276	0,338
Elastizitätsmodul $\boldsymbol{E}$ in MPa	3.043,478	1.137,124	752,508

Tabelle A.19: Materialparameter der Parameterkombination Nummer 60, 64, 73, 90 und 96 der HS-Druckmessfolie

Parameter	Wert				
	60	64	73	90	96
Reibungswinkel β in °; Erweiterungswinkel ψ in °	17,76	18,96	21,67	26,79	28,60
Fließspannungsverhältnis K	0,816	0,957	0,958	0,929	0,814
Querkontraktionszahl ν	0,298	0,306	0,331	0,222	0,261
Elastizitätsmodul E in MPa	3.645,485	3.294,314	2.909,699	4.147,157	3.812,709

Tabelle A.20: Materialparameter der Parameterkombination Nummer 113, 116, 172 und 233 der HS-Druckmessfolie

Parameter	Wert			
	113	116	172	233
Reibungswinkel β in °; Erweiterungswinkel ψ in °	33,71	34,62	51,47	69,83
Fließspannungsverhältnis K	0,949	0,923	0,959	0,886
Querkontraktionszahl ν	0,291	0,253	0,100	0,343
Elastizitätsmodul E in MPa	3.193,98	3.712,375	4.431,438	2.558,528

Tabelle A.21: Materialparameter der Parameterkombination Nummer 36 und 168 der HHS-Druckmessfolie

Parameter	Wert	
	36	168
Reibungswinkel β in °; Erweiterungswinkel ψ in °	10,54	50,27
Fließspannungsverhältnis K	0,778	0,950
Querkontraktionszahl ν	0,442	0,460
Elastizitätsmodul E in MPa	2.943,144	2.240,803

Tabelle A.22: Materialparameter der Parameterkombination Nummer 7 der MS-Druckmessfolie

Parameter	Wert
Elastizitätsmodul E in MPa	1.142
Querkontraktionszahl ν	0,006
Reibkoeffizient μ	0,2555

Tabelle A.23: Materialparameter für die HS-Druckmessfolien der Kombinationen 14, 35, 87 und 172

Parameter	Wert			
	14	35	87	172
Elastizitätsmodul E in MPa	4.378	4.338	4.288	3.977
Querkontraktionszahl ν	0,0130	0,0341	0,0862	0,1713
Reibkoeffizient μ	0,1673	0,2365	0,2074	0,0651

Tabelle A.24: Materialparameter für die HS-Druckmessfolien der Kombinationen 186, 201, 240, 330 und 382

Parameter	Wert				
	186	201	240	330	382
Elastizitätsmodul E in MPa	3.857	3.877	3.617	3.096	2.284
Querkontraktionszahl ν	0,1854	0,2004	0,2395	0,3297	0,3818
Reibkoeffizient μ	0,0601	0,2134	0,1834	0,019	0,3597

Tabelle A.25: Materialparameter für die HHS-Druckmessfolien der Kombinationen 400, 420 und 422

Parameter	Wert		
	400	420	422
Elastizitätsmodul E in MPa	4.909	4.198	4.218
Querkontraktionszahl ν	0,3998	0,4198	0,4218
Reibkoeffizient μ	0,4008	0,2786	0,2695

Tabelle A.26: Resultate der simulativ erzeugten Kontaktflächen für die Position $\eta = +7{,}5\ mm$

	Kontaktfläche in mm²				
Kraft	MS	HS	HS Lekue	HHS	Kohlepapier
100 kN	362,834	252,542	255,198	224,074	242,132

Tabelle A.27: Resultate der simulativ erzeugten Kontaktflächen für die Position $\eta = +6{,}5\ mm$

	Kontaktfläche in mm²				
Kraft	MS	HS	HS Lekue	HHS	Kohlepapier
100 kN	365,708	261,406	264,126	233,188	248,264

Tabelle A.28: Resultate der simulativ erzeugten Kontaktflächen für die Position $\eta = +5{,}5\ mm$

	Kontaktfläche in mm²				
Kraft	MS	HS	HS Lekue	HHS	Kohlepapier
25 kN	204,486	151,382	152,245	118,802	135,231
50 kN	273,200	201,146	201,996	171,246	183,757
75 kN	327,694	238,360	240,148	209,766	220,658
100 kN	375,322	270,898	273,742	241,238	252,182
110 kN	Abbruch	283,362	286,082	252,510	263,870

Tabelle A.29: Resultate der simulativ erzeugten Kontaktflächen für die Position $\eta = +4{,}5\ mm$

	Kontaktfläche in mm²				
Kraft	MS	HS	HS Lekue	HHS	Kohlepapier
25 kN	211,538	160,120	160,359	145,014	144,926
50 kN	291,684	208,762	210,366	186,909	190,360
75 kN	346,744	254,718	256,570	227,370	233,540
100 kN	391,630	290,758	292,672	262,784	270,228
110 kN	406,654	303,848	305,570	275,374	283,386

Tabelle A.30: Resultate der simulativ erzeugten Kontaktflächen für die Position $\eta = +3{,}5\ mm$

	Kontaktfläche in mm²				
Kraft	MS	HS	HS Lekue	HHS	Kohlepapier
25 kN	242,698	188,340	188,438	169,714	168,657
50 kN	307,112	240,666	241,272	219,564	221,660
75 kN	356,306	275,892	277,240	254,290	258,028
100 kN	398,822	306,374	307,970	281,590	287,478
110 kN	413,282	316,416	318,258	291,868	298,278

Tabelle A.31: Resultate der simulativ erzeugten Kontaktflächen für die Position $\eta = +2{,}5\ mm$

	Kontaktfläche in mm²				
Kraft	MS	HS	HS Lekue	HHS	Kohlepapier
100 kN	401,208	309,832	311,548	285,288	291,958

Tabelle A.32: Resultate der simulativ erzeugten Kontaktflächen für die Position $\eta = +1{,}5\ mm$

	Kontaktfläche in mm²				
Kraft	MS	HS	HS Lekue	HHS	Kohlepapier
100 kN	404,722	309,904	311,742	285,056	290,636

Tabelle A.33: Resultate der simulativ erzeugten Kontaktflächen für die Position $\eta = +0{,}5\ mm$

	Kontaktfläche in mm²				
Kraft	MS	HS	HS Lekue	HHS	Kohlepapier
100 kN	404,614	299,424	302,206	269,136	278,340

Tabelle A.34: Resultate der simulativ erzeugten Kontaktflächen für die Position $\eta = \pm 0\ mm$

	Kontaktfläche in mm²				
Kraft	MS	HS	HS Lekue	HHS	Kohlepapier
100 kN	399,07	283,642	286,426	252,108	Abbruch

Tabelle A.35: Resultate der simulativ erzeugten Kontaktflächen für die Position $\eta = -0{,}5\ mm$

	Kontaktfläche in mm²				
Kraft	MS	HS	HS Lekue	HHS	Kohlepapier
100 kN	387,594	273,108	275,832	245,258	Abbruch

Tabelle A.36: Resultate der simulativ erzeugten Kontaktflächen für die Position $\eta = -1{,}5\ mm$

	Kontaktfläche in mm²				
Kraft	MS	HS	HS Lekue	HHS	Kohlepapier
100 kN	Abbruch	Abbruch	Abbruch	Abbruch	216,148

Tabelle A.37: Resultate der simulativ erzeugten Kontaktflächen für die Position $\eta = -2{,}5\ mm$

	Kontaktfläche in mm²				
Kraft	MS	HS	HS Lekue	HHS	Kohlepapier
100 kN	Abbruch	230,540	233,382	207,352	214,654

Tabelle A.38: Übersicht der prozentualen Abweichungen für die Position $\eta = -2{,}5\ mm$ für die mittels Druckmessfolien erzeugten Abdrücke

Druckmessfolie	Kraft in kN	Kontaktfläche in mm² der alten Charge	Kontaktfläche in mm² der neuen Charge
MS	25	0,00 %	0,57 %
	50	0,21 %	0,21 %
	75	0,18 %	0,46 %
	100	0,08 %	0,48 %
	110	0,22 %	0,15 %
HS	25	1,36 %	0,51 %
	50	0,36 %	0,24 %
	75	0,10 %	0,31 %
	100	0,00 %	0,18 %
	110	0,67 %	0,25 %
HHS	25	0,28 %	0,56 %
	50	0,34 %	0,00 %
	75	0,00 %	0,26 %
	100	0,11 %	0,11 %
	110	0,11 %	0,11 %

Tabelle A.39: Flächeninhalt in mm² der approximierten ellipsenförmigen Geometrie für die Position $\eta = +7{,}5\ mm$

Kraft	MS	HS	HHS	Kohlepapier
100 kN	255,07	200,88	205,54	200,17

Tabelle A.40: Flächeninhalt in mm² der approximierten ellipsenförmigen Geometrie für die Position $\eta = +6{,}5\ mm$

Kraft	MS	HS	HHS	Kohlepapier
100 kN	255,07	229,99	230,15	214,02

Tabelle A.41: Flächeninhalt in mm² der approximierten ellipsenförmigen Geometrie für die Position $\eta = +5{,}5\ mm$

Kraft	MS	HS	HHS	Kohlepapier
100 kN	279,73	219,66	241,73	214,02

Tabelle A.42: Flächeninhalt in mm² der approximierten ellipsenförmigen Geometrie für die Position $\eta = +3{,}5\ mm$

Kraft	MS	HS	HHS	Kohlepapier
100 kN	312,86	259,11	269,23	245,07

Tabelle A.43: Flächeninhalt in mm² der approximierten ellipsenförmigen Geometrie für die Position $\eta = +2{,}5\ mm$

Kraft	MS	HS	HHS	Kohlepapier
100 kN	308,24	279,49	269,23	245,07

Tabelle A.44: Flächeninhalt in mm² der approximierten ellipsenförmigen Geometrie für die Position $\eta = +1{,}5\ mm$

Kraft	MS	HS	HHS	Kohlepapier
100 kN	329,82	279,49	288,05	267,66

Tabelle A.45: Flächeninhalt in mm² der approximierten ellipsenförmigen Geometrie für die Position $\eta = +0{,}5\ mm$

Kraft	MS	HS	HHS	Kohlepapier
100 kN	312,84	270,75	269,23	249,91

Tabelle A.46: Flächeninhalt in mm² der approximierten ellipsenförmigen Geometrie für die Position $\eta = \pm 0{,}0\ mm$

Kraft	MS	HS	HHS	Kohlepapier
100 kN	308,24	279,88	269,23	249,91

Tabelle A.47: Flächeninhalt in mm² der approximierten ellipsenförmigen Geometrie für die Position $\eta = -0{,}5\ mm$

Kraft	MS	HS	HHS	Kohlepapier
100 kN	308,24	270,75	290,63	245,07

Tabelle A.48: Flächeninhalt in mm² der approximierten ellipsenförmigen Geometrie für die Position $\eta = -1{,}5\ mm$

Kraft	MS	HS	HHS	Kohlepapier
100 kN	317,99	279,49	280,32	236,83

Tabelle A.49: Flächeninhalt in mm² der approximierten ellipsenförmigen Geometrie für die Position $\eta = -2{,}5\ mm$

Kraft	MS	HS	HHS	Kohlepapier
100 kN	274,86	249,46	257,76	214,02

In der Reihe **Schriftenreihe Schienenfahrzeuge und Transportsysteme** zuletzt erschienen:

Stratmann, Ina:

Genauigkeit und Grenzen von Kohlepapier und Druckmessfolie im Kontakt Hertz'scher Körper und von Rad und Schiene

ISBN: 978-3-98555-292-4
Erscheinungsdatum: 01.07.2025

Bettinger, Tobias:

Schwingkomfortbewertung in Straßenbahnen mittels Maschinellen Lernens

ISBN: 978-3-98555-149-1
Erscheinungsdatum: 27.03.2023

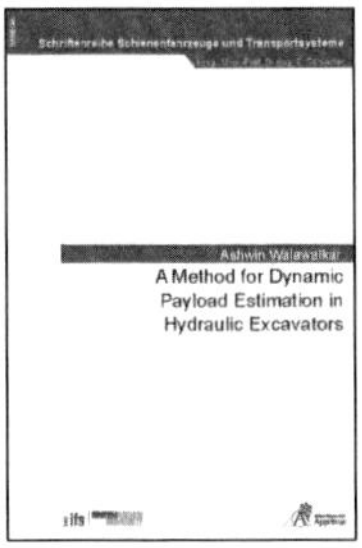

Walawalkar, Ashwin:

A Method for Dynamic Payload Estimation in Hydraulic Excavators

ISBN: 978-3-98555-129-3
Erscheinungsdatum: 05.01.2023

Edition Wissenschaft
Apprimus

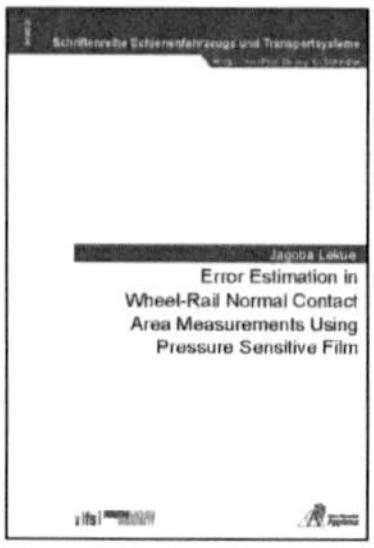

Lekue, Jagoba:

Error Estimation in Wheel-Rail Normal Contact Area Measurements Using Pressure Sensitive Film

ISBN: 978-3-98555-086-9

Erscheinungsdatum: 23.06.2022

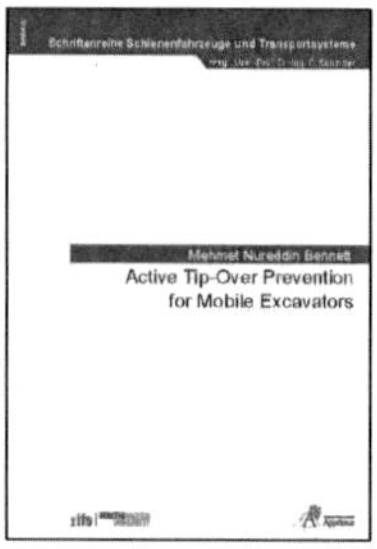

Bennett, Mehmet Nureddin:

Active Tip-Over Prevention for Mobile Excavators

ISBN: 978-3-86359-805-1

Erscheinungsdatum: 14.01.2020

Simonis, Andreas:

Lastermittlung bei Achterbahnfahrzeugen

ISBN: 978-3-86359-761-0

Erscheinungsdatum: 20.09.2019

Edition Wissenschaft
Apprimus

FSC
www.fsc.org
MIX
Papier | Fördert gute Waldnutzung
FSC® C083411

Kolibri 360 GmbH
Ferdinand-Jühlke-Straße 7
99095 Erfurt, Deutschland
produktsicherheit@kolibri360.de

www.ingramcontent.com/pod-product-compliance
Ingram Content Group UK Ltd.
Pitfield, Milton Keynes, MK11 3LW, UK
UKHW021853290926
8980IPUK00005B/814

9 783631 797815